U0363213

MATLAB 语言与控制系统仿真

杨成慧　主　编
李玉梅　副主编

科学出版社
北京

内 容 简 介

本书根据实际需要,系统地介绍数学软件 MATLAB 7.0 的基本功能,包括数值计算功能、符号运算功能和图形处理功能等,在此基础上精心设计了丰富的实例,并且有一些导入案例、知识拓展和 MATLAB 实验,这样可以更好地拓展知识,提高读者的实践应用能力。MATLAB 语言与控制系统仿真的结合,使得 MATLAB 的控制应用函数在各个实例分析中原理清晰、应用自如、简单易学。

本书特点:以 MATLAB 在控制系统中的实际应用为背景,从传统控制理论到现代控制理论,对控制方法、控制效果做了大量的对比研究,充分体现了 MATLAB 作为控制系统算法研究工具的方便性及其无可替代的地位。

本书内容由浅入深、简单易学,可作为自动控制、机械电子、机械制造、电气、电子信息、汽车等专业的本科生教材或参考书,也可作为 MATLAB 程序开发人员、相关工程技术人员及 MATLAB 技术爱好者的参考书。

图书在版编目(CIP)数据

MATLAB 语言与控制系统仿真 / 杨成慧主编. —北京:科学出版社,2018.11

ISBN 978-7-03-058518-9

Ⅰ.①M… Ⅱ.①杨… Ⅲ.①自动控制系统-系统仿真-Matlab 软件 Ⅳ.①TP273-39

中国版本图书馆 CIP 数据核字(2018)第 184379 号

责任编辑:余 江 于海云 赵薇薇 / 责任校对:郭瑞芝
责任印制:吴兆东 / 封面设计:迷底书装

科 学 出 版 社 出版
北京东黄城根北街 16 号
邮政编码:100717
http://www.sciencep.com

北京虎彩文化传播有限公司 印刷
科学出版社发行 各地新华书店经销
*
2018 年 11 月第 一 版 开本:787×1092 1/16
2019 年 8 月第二次印刷 印张:12 1/2
字数:300 000

定价:**49.00 元**
(如有印装质量问题,我社负责调换)

前　言

MATLAB 作为一个科学计算可视化工具，经过几十年的发展，已经成为应用最广泛的科学处理工具软件包，为科学研究、工程设计等众多科学领域提供了一种全面的解决方案，代表了当今国际科学计算软件的先进水平。

MATLAB 在科学运算领域应用广泛，在语言与控制仿真界面的处理是软件的运用主流，所以学会使用 MATLAB 软件技术的操作，实现相关的语言与控制系统的仿真处理是时代所需。学会使用 MATLAB 软件有助于更好地解决科学、工程领域的相关计算以及语言与控制系统的仿真问题。

MATLAB 是 MathWorks 公司于 1984 年推出的一套高性能的数值计算和可视化软件，它集数值分析、矩阵运算、信号处理和图形显示于一体，构成了一个方便且界面友好的用户环境。随着它的版本不断升级，其功能越来越强大，应用范围也越来越广泛。MATLAB 软件代表了当今国际科学计算软件的先进水平，应用领域非常广泛。很多人都希望将 MATLAB 强大的数值计算和分析功能应用于自己的项目和实践中，从而可以直观、便捷地进行分析、计算和设计工作。随着社会生产力的不断发展，对控制理论、技术、系统与应用提出越来越多、越来越高的要求，因此有必要进一步加强、加深这方面的研究。目前，MATLAB 已经成为控制理论与控制工程以及计算机仿真领域的有力工具，可方便地应用于数学计算、算法开发、数据采集、系统建模和仿真、数据分析和可视化、科学和工程绘图、应用软件开发等方面。MATLAB 之所以能够被广泛应用，是因为它将科研工作者从乏味的 Fortran 语言、C 语言编程中解放出来，使他们真正把精力放在科研和设计的核心问题上，从而大大提高了工作效率。

在 MATLAB 环境中描述问题及编制求解问题的程序时，用户可以按照符合人们的科学思维方式和数学表达习惯的语言形式来书写程序。MATLAB 以著名的线性代数软件包 LINPACK 和特征值计算软件包 EISPACK 中的子程序为基础，发展成一种开放型程序设计语言。在它的发展过程中，许多优秀的工程师为它的完善做出了卓越的贡献，使其从一个简单的矩阵分析软件逐渐发展成一个具有极高通用性的、带有众多实用工具的运算操作平台。

工具箱是 MATLAB 函数的子程序库，每一个工具箱都是为某一类学科专业和应用定制的，主要包括信号处理、控制系统、神经网络、图像处理、模糊逻辑、小波分析和系统仿真等方面的应用。借助这些现有的工具，科研人员可以直观、方便地进行分析、计算及设计工作，从而大大节省了时间。

本书主要是从应用方面对 MATLAB 7.0 进行详细的介绍，大部分内容是通用的，也包括一些专业性较强的章节，读者可以根据需要取舍。第 1～5 章介绍 MATLAB 的基础知识，包括 MATLAB 的安装、卸载及其系统功能的阐述，MATLAB 的数学运算、数据可视化工具以及 MATLAB 的编程等内容。第 6～8 章是 MATLAB 的高级应用部分，分别介绍符号运算功能、MATLAB 在控制系统中的应用和 Simulink 仿真。

本书还对一些控制领域应用广泛的常用函数和工具箱(控制系统介绍、系统稳定性分析、根轨迹求解、时域分析)进行讲述,其中包括高级图形设计的相关知识,如二维绘图、三维绘图、动画处理等。为查阅方便,附录部分列出了 MATLAB 的常用函数。

本书由杨成慧老师和李玉梅老师结合自己多年 MATLAB 软件的使用经验和教学经验撰写完成,完善了 MATLAB 软件在语言与控制系统仿真方面的科学研究试验,便于教学和理解,并希望能够引领读者通过 MATLAB 语言与控制系统仿真解决自己所在研究领域的问题。本书结合大量不同领域的实际案例、实验、习题,全面、系统地介绍 MATLAB 语言与控制系统仿真的基础知识,从学习 MATLAB 软件的下载安装开始,到命令的使用等一系列的操作方法,最后可以轻松实现在不同领域二维向三维的转化应用,以及在自动控制等领域的应用。学习完本书后,读者应该可以具备使用 MATLAB 实现领域问题求解的能力。

本书得到西北民族大学 2017 年校级规划教材项目的资助。本书由杨成慧担任主编(编写第 1 章、第 3 章、第 4 章、第 7 章、第 8 章)并统稿,李玉梅担任副主编(编写第 2 章、第 5 章、第 6 章),马生才、李世民整理文字和图片信息。在编写过程中参考了一些文献,在此向参考文献与资料的作者表示衷心感谢!

由于作者的水平有限,本书难免有一些疏漏和不足之处,欢迎广大读者给予批评和指正。

编 者

2018 年 5 月

目　　录

第 1 章　MATLAB 与自动控制系统仿真操作基础

本章简要介绍自动控制原理的基本概念与 MATLAB 的主要特点。通过本章的学习，读者能够了解自动控制的重要作用与 MATLAB 的主要特点，并建立自动控制原理 MATLAB 实现的初步概念；不仅可以学会 MATLAB 入门的几种常用函数和调用方法，还能初步认识控制系统的基本概念。

 学习目标

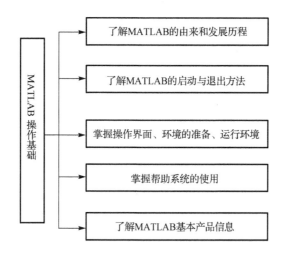

1.1　MATLAB 与自动控制系统的基本概念

1.1.1　MATLAB 概述

MATLAB 是 MathWorks 公司推出的商业数学软件，是用于算法开发、数据可视化、数据分析以及数值计算的高级技术计算语言，主要包括 MATLAB 和 Simulink 两大部分。

MATLAB 主要面对科学计算、可视化以及交互式程序设计的高科技计算环境。它将数值分析、矩阵计算、科学数据可视化以及非线性动态系统的建模和仿真等诸多强大功能集成在一个易于使用的视窗环境中，为科学研究、工程设计以及必须进行有效数值计算的众多科学领域提供了一种全面的解决方案，并在很大程度上摆脱了传统非交互式程序设计语言（如 C、Fortran）的编辑模式，代表了当今国际科学计算软件的先进水平。

MATLAB 和 Mathematica、Maple 并称为三大数学软件。MATLAB 在数学类科技应用软件中的数值计算方面首屈一指，具有矩阵运算、绘制函数和数据、实现算法、创建用户界面、连接其他编程语言的程序等功能，主要应用于工程计算、控制设计、信号处理与通信、图像处理、信号检测、金融建模设计与分析等领域。

MATLAB 的基本数据单位是矩阵，它的指令表达式与数学、工程中常用的形式十分相似，故用 MATLAB 来解算问题要比用 C、Fortran 等语言完成相同的任务简捷得多，并且 MATLAB 也吸收了像 Maple 等软件的优点，使其成为一个强大的数学软件。在新的版本中也加入了对 C、Fortran、C++、Java 的支持。

1.1.2　MATLAB 的发展

20 世纪 70 年代末到 80 年代初，美国新墨西哥大学的克里夫·莫勒尔教授为了让学生更方便地使用 LINPACK 及 EISPACK（需要通过 Fortran 语言编程来实现，但当时学生并无相关知识），独立编写了第一个版本的 MATLAB。这个版本的 MATLAB 只能进行简单的矩阵运算，如矩阵转置、计算行列式和本征值，此版本软件分发出两三百份。

1984 年，杰克·李特、克里夫·莫勒尔和斯蒂夫·班格尔特合作成立了 MathWorks 公司，正式把 MATLAB 推向市场。MATLAB 最初是由莫勒尔用 Fortran 语言编写的，李特和班格尔特花了约一年半的时间用 C 语言重新编写了 MATLAB 并增加了一些新功能，同时，李特还开发了第一个系统控制工具箱，其中一些代码到现在仍然在使用。C 语言版本的面向 MS-DOS 系统的 MATLAB 1.0 在拉斯维加斯举行的 IEEE 决策与控制会议（IEEE Conference on Decision and Control）正式推出，它的第一份订单只售出了 10 份副本，而到目前为止，根据 MathWorks 公司自己的数据，目前世界上 100 多个国家超过 100 万工程师和科学家在使用 MATLAB 和 Simulink。

1992 年，学生版 MATLAB 推出。

1993 年，Microsoft Windows 版 MATLAB 面世。

1995 年，推出 Linux 版 MATLAB。

1.1.3　MATLAB 的主要功能

1. 数值计算和符号计算功能

MATLAB 以矩阵作为数据操作的基本单位，还提供了十分丰富的数值计算函数。

MATLAB 和著名的符号计算语言 Maple 相结合，使得 MATLAB 具有符号计算功能。

2. 绘图功能

MATLAB 提供了两个层次的绘图操作：一种是对图形句柄进行低层绘图操作；另一种是建立在低层绘图操作之上的高层绘图操作。

3. 编程语言

MATLAB 具有程序结构控制、函数调用、数据结构、输入输出、面向对象等程序语言特征，而且简单易学、编程效率高。

4. MATLAB 工具箱

MATLAB 包含两部分内容：基本部分和各种可选的工具箱。MATLAB 工具箱分为两大类：功能性工具箱和学科性工具箱。

1.1.4　MATLAB 的功能演示

例 1-1　绘制正弦曲线和余弦曲线（图 1-1）。

在 MATLAB 命令窗口输入命令：

```
x=[0:0.5:360]*pi/180;
plot(x,sin(x),x,cos(x));
```

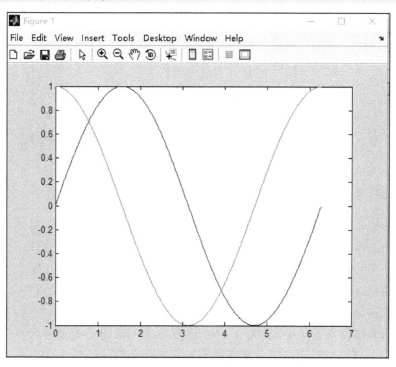

图 1-1　正弦曲线和余弦曲线

例 1-2　求方程 $3x^4+7x^3+9x^2-23=0$ 的全部根。

```
p=[3,7,9,0,-23];          %建立多项式系数向量
x=roots(p)                %求根
```

其中，第一条命令为多项式系数向量；第二条命令调用 roots 函数求根。得到的结果为

```
x =
 -1.8857
 -0.7604 + 1.7916i
 -0.7604 - 1.7916i
  1.0732
```

例 1-3　求积分 $\int_0^1 x\log(1+x)$。

在 MATLAB 命令窗口输入命令:

```
quad('x.*log(1+x)',0,1)
```

结果为

```
ans =
    0.2500
```

例 1-4　求解线性方程组。

在 MATLAB 命令窗口输入命令:

```
a=[2,-3,1;8,3,2;45,1,-9];
b=[4;2;17];
x=inv(a)*b
```

结果为

```
x =
   0.4784
  -0.8793
   0.4054
```

1.1.5　自动控制的概念及其应用

控制系统理论的基础知识——自动控制原理,是自动化学科的重要理论基础,是专门研究有关自动控制系统中基本概念、基本原理和基本方法的一门课程,是高等院校自动化专业的一门核心基础理论课程。学好自动控制原理对掌握自动化技术有着重要的作用。自动控制原理是自动控制技术的基础理论,主要分经典控制理论和现代控制理论两大部分。经典控制理论以传递函数为基础研究单输入单输出一类定常控制系统的分析与设计问题;现代控制理论是 20 世纪 60 年代在经典控制理论基础上随着科学技术发展和工程实践需要而迅速发展起来的,它以状态空间法为基础,研究多输入多输出、时变、非线性、高精度、高效能等控制系统的分析与设计问题。

在现代科学技术的许多领域中,自动控制技术得到了广泛的应用,自动控制技术最显著的特征就是通过对各类机器、各种物理参量、工业生产过程等的控制直接造福于社会。自动控制是指在无人直接参与的情况下,利用控制装置操纵被控对象,使被控对象的被控量等于给定值或按给定信号变化规律去变化。为达到某一目的,由相互制约的各个部分,按一定的规律组成的,具有一定功能的整体,称为系统,它一般由控制装置(控制器)和被控对象组成。

在自动控制系统中,被控制的设备或过程称为被控对象或对象;被控制的物理量称为被控量或输出量;决定被控量的物理量称为控制量或给定量;妨碍控制量对被控量进行正常控制的所有因素称为扰动量,扰动量按其来源可分为内部扰动和外部扰动。

　　给定量和扰动量都是自动控制系统的输入量。通常情况下，系统有两种外作用信号：一是有效输入信号，二是有害干扰信号。输入信号决定系统被控量的变化规律或代表期望值，并作用于系统的输入端。干扰信号是系统所不希望而又不可避免的外作用信号，它不但可以作用于系统的任何部位，而且可能不止一个。由于它会影响输入信号对系统被控量的有效控制，所以严重时必须加以抑制或补偿。

　　自动控制有两种最基本的形式，即开环控制和闭环控制。与这两种控制方式对应的系统分别称为开环控制系统和闭环控制系统。

　　1. 开环控制

　　控制装置与被控对象之间只有顺向作用而无反向联系时，称为开环控制。其特点是：系统结构和控制过程均很简单。开环控制的示意图如图 1-2 所示。

图 1-2　开环控制示意图

　　开环控制是一种简单的无反馈控制方式，在开环控制系统中只存在控制器对被控对象的单方向控制作用，不存在被控量(输出量)对控制量的反向作用，系统的精度取决于组成系统的元器件的精度和特性调整的精度。开环系统对外部扰动及内部参量变化的影响缺乏抑制能力，但开环系统内构简单，比较容易设计和调整，可用于输出量与输入量关系为已知、内外扰动对系统影响不大，并且控制精度要求不高的场合。

　　2. 闭环控制

　　控制装置与被控对象之间不但有顺向作用，而且有反向联系，即有被控量对控制过程的影响。闭环控制的特点是：在控制器和被控对象之间，不仅存在正向作用，而且存在反馈作用。即系统的输出量对控制量有直接影响，将检测出来的输出量送回系统的输入端，并与信号比较的过程称为反馈，若反馈信号与输入信号相减，则称负反馈；反之，若相加，则称正反馈。输入信号与反馈信号之差称为偏差信号，偏差信号作用于控制器上，控制器对偏差信号进行某种运算，产生一个控制作用，使系统的输出量趋向于给定数值。闭环的实质就是利用负反馈的作用来减小系统的误差，因此闭环控制又称反馈控制，其示意图如图 1-3 所示。

　　反馈控制是一种基本的控制规律，它具有自动修正被控量偏离给定值的作用，因而可以使系统抑制内扰和外扰所引起的误差，达到自动控制的目的。闭环控制是一种反馈控制，在控制过程中对被控量(输出量)不断测量，并将其反馈到输入端与给定值(参考输入量)比较。利用放大后的偏差信号产生控制作用。因此，有可能部分采用相对精度不高、成本较低的元器件组成控制精度较高的闭环控制系统，闭环控制系统精度在很大程度上由形成反馈的测量元器件的精度决定。闭环系统具有开环系统无可比拟的优点，故应用极广，但与此同时，反馈的引入使本来稳定运行的开环系统可能出现强烈的振荡，甚至不稳定，这是采用反馈控制构成的闭环控制时需要注意解决的问题。

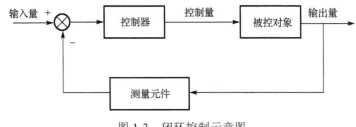

图 1-3　闭环控制示意图

1.2　MATLAB 的开发环境与自动控制系统分类

1.2.1　MATLAB 的开发环境

MATLAB 的开发环境是一套方便用户使用的 MATLAB 函数和文件工具集，其中许多工具是图形化用户接口。它是一个集成的用户工作空间，允许用户输入输出数据，并提供了 M 文件的集成编译和调试环境，包括 MATLAB 桌面、命令窗口、M 文件编辑调试器、MATLAB 工作空间和在线帮助文档。

1．硬件环境

MATLAB 硬件环境包括：
(1) CPU。
(2) 内存。
(3) 硬盘。
(4) CD-ROM 驱动器和鼠标。

2．软件环境

MATLAB 软件环境包括：
(1) Windows 98/NT/2000 或 Windows XP。
(2) 其他软件根据需要选用。

1.2.2　菜单和工具栏

MATLAB 7.0 的菜单和工具栏界面与 Windows 程序的界面类似，用户只要稍加实践就可掌握其功能和使用方法。菜单的内容会随着在命令窗口中执行不同命令而进行相应改变。这里只简单介绍默认情况下的菜单和工具栏。
(1) File 菜单。
Import Data：用于向工作空间导入数据。
Save Workspace As：将工作空间的变量存储在某一文件中。
Set Path：打开搜索路径设置对话框。
Preferences：打开环境设置对话框。

(2) Edit 菜单。主要用于复制、粘贴等操作，与一般的 Windows 程序类似，在此不作详细介绍。

(3) Debug 菜单。用于设置程序的调试。

(4) Desktop 菜单。用于设置主窗口中需要打开的窗口。

(5) Window 菜单。列出当前所有打开的窗口。

(6) Help 菜单。用于选择打开不同的帮助系统。

当用户单击 Current Directory 窗口时，使得该窗口成为当前窗口，那么会增加一个 View 菜单，用于设置如何显示当前目录下的文件。

当用户单击 Workspace 窗口时，使得该窗口成为当前窗口，那么会增加 View 菜单和 Graphics。View 菜单用于设置如何在工作空间管理窗口中显示变量，Graphics 菜单用于打开绘图的工具，用户可以使用这些工具来绘制变量。

"工具栏"中部分功能如下：

打开 Simulink 主窗口；

打开用户界面设计窗口；

打开帮助系统；

设置当前目录；

单击主窗口左下角的 Start 按钮，可以直接打开 MATLAB 7.0 各种工具。

1.2.3　熟悉 MATLAB 的操作桌面

在工作空间管理窗口中将显示目前内存中所有的 MATLAB 变量的变量名、数据结构、字节数以及类型等信息，不同的变量类型分别对应不同的变量名图标。

"工作空间管理窗口"中部分功能如下：

向工作空间添加新的变量；

打开在工作空间中选中的变量；

向工作空间中导入数据文件；

保存工作空间中的变量；

删除工作空间中的变量；

绘制工作空间中的变量，可以用不同的绘制命令来绘制变量。

1.2.4　自动控制系统的分类

根据不同的分类方法，自动控制系统的类型可概括如下。

1) 恒值系统、随动系统和程序控制系统

若系统的给定值是一定值，而控制任务就是克服扰动，使被控量保持恒值，则此类系统称为恒值系统。若系统给定值按照事先不知道的时间函数变化，并要求被控量跟随给定值变化，则此类系统称为随动系统。若系统的给定值按照一定的时间函数变化，并要求被控量随之变化，则此类系统称为程序控制系统。

2）随机系统和自动调整系统

随机系统又称伺服系统或跟踪系统，其特点是输入量总是在频繁或缓慢地变化，要求系统的输出量能够以一定的准确度跟随输入量而变化。自动调整系统又称恒值调节系统（或调节器系统），其特点是输入保持为常量，或整定后相对保持常量，而系统的任务是尽量排除扰动的影响，以一定准确度将输出量保持在希望的数值上。

3）线性系统和非线性系统

组成系统的元器件的特性均为线性（或基本线性），能够用线性常微分方程描述其输入与输出关系的系统称为线性系统，其主要特点是具有齐次性和叠加性，线性系统称为恒值系统。非线性系统的参考输入是变化规律未知的任意时间函数，其输出不与输入成正比。

4）连续系统和离散系统

连续系统是指各部分的输入和输出信号都是连续函数的模拟量的系统；离散系统是指某一处或者多处的信号以脉冲或数码的形式传递的系统。一般来说，同样是反馈控制系统，连续控制精度（尤其是控制的稳态准确度）高于离散控制精度，因为模拟控制信号远比数字控制信号的抗干扰能力强。描述连续控制系统用微分方程，而描述离散控制系统用差分方程。

1.3　MATLAB 集成环境与自动控制系统仿真基本概念

1.3.1　MATLAB 集成环境

MATLAB 7.0（Release 14）可以安装到下列操作平台上：
- Windows 2000（Service Pack 3 或 4）；
- Windows NT 4.0（Service Pack 5 或 6a）；
- Windows XP；
- Linux ix86 2.4.x，glibc 2.2.5；
- Sun Solaris 2.8 和 Sun Solaris 2.9；
- HPUX 11.0 和 HPUX 11.1；
- Mac OS X 10.3.2。

无论在单机环境还是在网络环境下，MATLAB 都可发挥其卓越的性能。若单纯地使用 MATLAB 语言进行编程，而不必连接外部语言的程序，则 MATLAB 语言编写出来的程序可以不做任何修改直接移植到其他机型上去使用。

MATLAB 7.0 对系统的要求如下。

操作平台：Windows XP、Windows 2000（Service Pack 3 或 4）、Windows NT 4.0（Service Pack 5 或 6a）。处理器：Pentium 3 或 4、Xeon、Pentium M、AMD Athlon、Athlon XP、AthlonMP。存储空间：345MB（仅包括帮助系统的 MATLAB）。内存：256MB（最小），

512MB（推荐）。显卡：16bit、24bit 或 32bit，兼容 OpenGL 的图形适配卡（强烈推荐）。软件：图形加速卡、打印机、声卡，为了运行 MATLAB Notebook、MATLAB Builder for Excel、Excel Link、Database Toolbox 和 MATLAB Web Server，还必须安装 Office 2000 或 Office XP。编译器：为了创建自己的 MEX 文件，至少需要下列产品之一，即 DEC Visual Fortran 5.0、Microsoft Visual C/C++ 4.2 或 5.0、Borland C/C++ 5.0 或 5.02、Watcom 10.6 或 11。

1.3.2　命令窗口

"≫" 为运算提示符，表示 MATLAB 处于准备状态。当在提示符后输入一段程序或一段运算式后按 Enter 键，MATLAB 会给出计算结果，并再次进入准备状态（所得结果将被保存在工作空间管理窗口中）。

单击命令窗口右上角表示 "浮动编辑器" 的按钮，可以使命令窗口脱离主窗口而成为一个独立的窗口。

在该窗口中选中某一表达式，然后右击，弹出上下文菜单，通过不同的选项可以对选中的表达式进行相应的操作。

1.3.3　当前目录窗口和搜索路径

在目录窗口中既可显示或改变当前目录，还可以显示当前目录下的文件以及搜索功能。与命令窗口类似，该窗口也可以成为一个独立的窗口。

"当前工作目录窗口" 中部分功能如下：

显示并改变当前目录；

进入所显示目录的上一级目录；

在当前目录中创建一个新的子目录；

在当前目录中查找一个文件；

当前目录中的文件即以类的形式显示。

生成一个当前目录中的 M 文件的报告文件。如果选择该栏下的 "Contents Report" 选项，则可生成不同的报告文件。

1.3.4　命令历史记录窗口

命令历史记录窗口主要用于记录所有执行过的命令，在默认设置下，该窗口会保留自安装后所有使用过的命令的历史记录，并标明使用时间。同时，用户可以通过双击某一历史命令来重新执行该命令。与命令窗口类似，该窗口也可以成为一个独立的窗口。选中该窗口，然后右击，弹出上下文菜单。通过上下文菜单，用户可以删除或粘贴历史记录；也可为选中的表达式或命令创建一个 M 文件；还可以为某一句或某一段表达式或命令创建快捷按钮，具体方法见下面的示例。

选择 "Create Shortcut" 菜单项，弹出 "快捷键设置" 对话框。设置快捷键，然后单击"Save"按钮,注意观察工具栏 Shortcut 栏的变化。单击新加入的快捷按钮,命令窗口中会显示相应命令执行的结果。

```
ans =
  3.6739e-016
>>
```

用户还可以直接按住鼠标左键不放,将所选中的历史命令直接拖到 Shortcut 栏中,这样也可为所选命令创建快捷键。

1.3.5　MATLAB 的启动与退出

(1)运行 MATLAB 7.0 有 3 种方式。

· 双击桌面的 MATLAB 图标;

· 单击"Start"按钮,选择"Programs",然后在打开的菜单中选择 MATLAB 7.0;

· 使用 Windows 浏览器打开 MATLAB 7.0 的顶层安装目录,双击快捷运行图标。

(2)退出 MATLAB 7.0 有下列方法。

· 在 MATLAB 7.0 命令窗口的"File"菜单下选择"Exit MATLAB"选项;

· 快捷键"Ctrl+q";

· 在命令窗口输入"quit";

· 在命令窗口输入"exit";

· 单击 MATLAB 7.0 命令窗口右上角的"×"按钮;

· 双击 MATLAB 7.0 命令窗口左上角的 MATLAB 图标。

1.3.6　MATLAB 的 Simulink 仿真

子库是一个建模、分析各种物理和数学系统的软件。由于在 Windows 界面下工作,所以对控制系统的方块图编辑、绘制很方便。MATLAB 命令窗口启动 Simulink 程序后,出现的界面分别为信号源、信号输出、离散系统库、线性系统库、非线性系统库、系统连接库及扩展系统库,下面分别介绍。

1)信号源

程序提供了 8 种信号源,分别为阶跃信号、斜坡信号、正弦波信号、白噪声、时钟、常值信号、文件、信号发生器(singal gein),可直接使用。信号发生器可产生正弦波、方波、锯齿波、随机信号等。

2)信号输出

程序提供了 3 种输出方式(仿真曲线窗口,文件 data,变量存储到 WORKSPACE 空间中),可将仿真结果通过 3 种方式之一输出。

3)离散系统库

程序提供了 5 种标准模式,即延迟、零-极点、滤波器、传递函数、状态空间,每种标准模式都可方便地改变参数以符合被仿真系统。

4）线性系统库

程序提供了 7 种标准模式，即加法器、比例、积分、微分、传递函数、零-极点、状态空间。同离散系统一样，每种标准模式都可方便地改变参数以符合被仿真系统。

5）非线性系统库

非线性系统库提供了 13 种常用标准模式，即绝对值、乘法、函数、回环特性、死区特性、斜率、继电器特性、饱和特性、开关特性等。

6）系统连接库

系统连接库包括输入、输出、多路转换等模块，用于连接其他模块。

7）扩展系统库

考虑到各种复杂系统的要求，程序还提供了 12 种类型的扩展系统库，每一种又有不同的选择模式。

1.3.7　控制系统的动态仿真

由于 Simulink 提供了丰富的数学模型，且兼容 Windows，所以用 Windows 提供的简单命令即可形成各种复杂的系统模型。下面分别介绍。

1. 连续系统

某一位置随动系统的框图如图 1-4 所示。其 Simulink 仿真模型如图 1-5 所示。

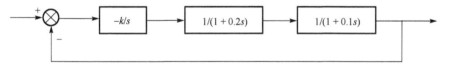

图 1-4　位置随动系统框图

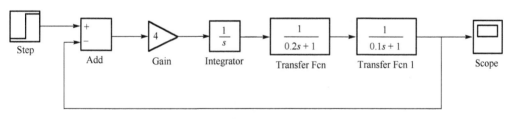

图 1-5　位置随动系统仿真模型图

输入仿真时间、仿真步长，选择数值计算方法即得到系统的阶跃响应（图 1-6）。

如果系统的动态响应特性不好，那么可以调出扩展库中的各种调节器以改善系统的动态响应，如引入典型的 PID 调节器。

2. 非线性系统

某一带有死区的随动系统 Simulink 仿真模型如图 1-7 所示。其系统的阶跃响应曲线如图 1-8 所示。

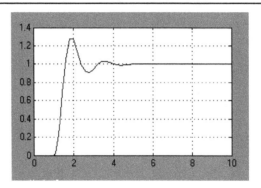

图 1-6　　$k=4$ 时系统的阶跃响应

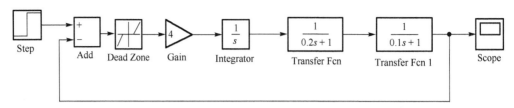

图 1-7　非线性系统 Simulink 仿真模型图

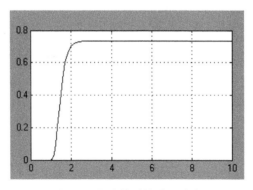

图 1-8　非线性系统阶跃响应

3. 离散系统

从离散系统库调出离散模型，得到系统的仿真模型如图 1-9 所示，其系统的阶跃响应曲线如图 1-10 所示。

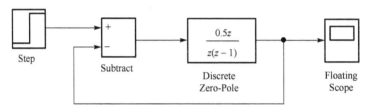

图 1-9　离散系统 Simulink 仿真模型图

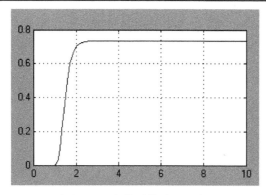

图 1-10　离散系统阶跃响应

1.4　MATLAB 帮助系统与控制系统仿真

MATLAB 7.0 为用户提供了非常完善的帮助系统,如 MATLAB 7.0 的在线帮助、帮助窗口、帮助提示、HTML 格式的帮助、pdf 格式的帮助文件以及 MATLAB 7.0 的示例和演示等。通过使用 MATLAB 7.0 的帮助菜单或在命令窗口中输入帮助命令,可以很容易地获得 MATLAB 7.0 的帮助信息,并能通过帮助进一步学习 MATLAB 7.0。下面分别介绍 MATLAB 7.0 中三种类型的帮助系统。

1. 命令窗口查询帮助系统

(1)常用 MATLAB 7.0 帮助命令功能如下。

help:获取在线帮助。

which:显示指定函数或文件的路径。

demo:运行 MATLAB 7.0 演示程序。

lookfor:按照指定的关键字查找所有相关的 M 文件。

tour:运行 MATLAB 7.0 漫游程序。

exist:检查指定变量或文件的存在性。

who:列出当前工作空间中的变量。

helpwin:运行帮助窗口。

whos:列出当前工作空间中变量的更多信息。

helpdesk:运行 HTML 格式帮助面板。

what:列出当前目录或指定目录下的 M 文件、MAT 文件和 MEX 文件。

doc:在网络浏览器中显示指定内容的 HTML 格式帮助文件,或启动 helpdesk。

(2)help 命令在命令窗口显示 MATLAB 7.0 函数的帮助,其调用格式如下:

help 在命令窗口列出所有主要的基本帮助主题;

help%列出所有运算符和特殊字符;

help functionname%在命令窗口列出 functionname M 文件的描述及语法;

help toolboxname%在命令窗口列出 toolboxname 文件夹中的内容；

help toolboxname/functionname 和 help classname.methodname%显示某一类的函数帮助。

【示例 1】

```
>> help
HELP topics

MATLAB\general     - General purpose commands.
MATLAB\ops         - Operators and special characters.
MATLAB\lang        - Programming language constructs.
...
kernel\embedded    - xPC Target Embedded Option
MATLAB7\work       - (No table of contents file)
e:\MATLAB          - (No table of contents file)
```

【示例 2】

```
>> help add
 --- help for hgbin/add.m ---
 HGBIN/ADD Add method for hgbin object
    This file is an internal helper function for plot annotation.
    There is more than one add available.  See also
help ccshelp/add.m
help iviconfigurationstore/add.m
help cgrules/add.m
help des_constraints/add.m
help xregcardlayout/add.m
help xregcontainer/add.m
help xregmulti/add.m
help cgddnode/add.m
Reference page in Help browser
doc add
```

lookfor 命令：按照指定的关键字查找所有相关的 M 文件。其调用格式如下：

```
lookfor topic
lookfor topic -all
```

【示例 3】

```
>>lookfor inverse
INVHILB Inverse Hilbert matrix.
IPERMUTE Inverse permute array dimensions.
ACOS  Inverse cosine.
ACOSD Inverse cosine, result in degrees.
...
ADDINVG Add the inverse Gaussian distribution.
STDRINV Compute inverse c.d.f. for Studentized Range statistic
```

2. 联机帮助系统

　MATLAB 7.0 的联机帮助系统非常全面。用户可以通过下面介绍的方法进入 MATLAB 7.0 的联机帮助系统。

- 直接单击 MATLAB 7.0 主窗口中的"？"按钮;
- 选中 help 菜单的前 4 项中的任意一项;
- 在命令窗口中执行 helpwin、helpdesk 或 doc。

下面介绍联机帮助系统的使用方法和技巧。联机帮助系统界面的菜单项与大多数 Windows 程序界面的菜单含义和用法都差不多,熟悉 Windows 的用户可以很容易掌握,在此不作详细介绍。帮助向导页面包含 4 个页面,分别是帮助主题(Contents)、帮助索引(Index)、查询帮助(Search)以及演示帮助(Demos)。如果知道需要查询的内容的关键字,一般可选择 Index 或 Search 模式来查询;只知道需要查询的内容所属的主题或只是想进一步了解和学习某一主题,一般可选择 Contents 或 Demos 模式来查询。

3. 联机演示系统

通过联机演示系统,用户可以直观、快速地学习 MATLAB 7.0 中某个工具箱的使用方法,它是有关参考书籍不能替代的。下面就向读者介绍如何使用演示系统。可以通过以下方式打开联机演示系统。

- 选择 MATLAB 7.0 主窗口菜单的"Help"→"Demos"选项;
- 在命令窗口输入"demos";
- 直接在帮助页面上选择 Demos 页。

【示例 4】
在 MATLAB 7.0 命令窗口中执行">>demos"命令。

在"Demos"页面中选择"Signal Processing"工具箱中的"Spectral Analysis and Statistical Signal Processing"选项,然后在右边窗口中选择"Power Spectral Density Demo"选项打开对话框。单击页面底部有下划线的文字"Run this demo",打开示例界面窗口。在该窗口中,用户可以选择不同的信号,窗口中就会自动显示该信号的功率谱密度。

"功率谱密度的演示示例界面"窗口联机演示系统对于学习工具箱以及 MATLAB 7.0 各个方面应用的用户非常有意义。通过演示示例,用户可以快速、直观地掌握某一工具的使用方法,而不必从枯燥的理论开始学起。

1.4.1　线性时不变系统(LT1)

LTI 系统是线性时不变系统,基本性质有:

- 线性(齐次性和可加性);
- 时不变性;
- 微分性;
- 积分性。

既满足叠加原理又具有时不变特性的系统可以用单位脉冲响应来表示。

　　为了给系统的调用和计算带来方便，根据软件工程中面向对象的思想，MATLAB 通过建立专用的数据结构类型，把 LTI 的各种模型封装成统一的 LTI 对象。

　　MATLAB 控制系统工具箱中规定的 LTI 对象包含 3 种子对象：ss 对象、tf 对象和 zpk 对象。每个对象都具有其属性和方法，通过对象方法可以存取或者设置对象的属性值。LTI 共有属性见表 1-1。

表 1-1　LTI 共有属性表

属性名称	意义	属性的变量类型
Ts	采样周期	标量
Td	输入时延	数组
InputName	输入变量名	字符串单元矩阵（数组）
OutputName	输出变量名	字符串单元矩阵（数组）
Notes	说明	文本
Userdata	用户数据	任意数据类型

属性说明如下。

　　(1) 当系统为离散系统时，给出了系统的采样周期 Ts。Ts＝0 或默认时表示系统为连续时间系统；Ts＝-1 表示系统是离散系统，但它的采样周期未定。

　　(2) 输入时延 Td 仅对连续时间系统有效，其值为由每个输入通道的输入时延组成的时延数组，缺省表示无输入时延（高版本改为：InputDelay）。

　　(3) 输入变量名 InputName 和输出变量名 OutputName 允许用户定义系统输入输出的名称，其值为一字符串单元数组，分别与输入输出有相同的维数，可缺省。

　　(4) Notes 和用户数据 Userdata 用以存储模型的其他信息，常用于给出描述模型的文本信息，也可以包含用户需要的任意其他数据，可缺省。

　　三种子对象特有属性见表 1-2。

表 1-2　三种子对象特有属性

对象名称	属性名称	意义	属性值的变量类型
tf 对象 （传递函数）	den	传递函数分母系数	由行数组组成的单元阵列
	num	传递函数分子系数	由行数组组成的单元阵列
	variable	传递函数变量	s、z、p、k 中之一
zpk 对象（零极点增益）	k	增益	二维矩阵
	p	极点	由行数组组成的单元阵列
	variable	零极点增益模型变量	s、z、p、k 中之一
	z	零点	由行数组组成的单元阵列
ss 对象 （状态空间）	a	系数矩阵	二维矩阵
	b	系数矩阵	二维矩阵
	c	系数矩阵	二维矩阵
	d	系数矩阵	二维矩阵
	e	系数矩阵	二维矩阵
	StateName	状态变量名	字符串单元向量

1.4.2　控制系统建立

在 MATLAB 的控制系统工具箱中，各种 LTI 对象模型的生成和模型间的转换都可以通过一个相应函数来实现。生成 LTI 模型的函数见表 1-3。

表 1-3　生成 LTI 模型的函数

函数名称及基本格式	功能
dss(a, b, c, d, …)	生成(或将其他模型转换为)描述状态空间模型
filt(num, den, …)	生成(或将其他模型转换为)DSP 形式的离散传递函数
ss(a, b, c, d, …)	生成(或将其他模型转换为)状态空间模型
tf(num, den, …)	生成(或将其他模型转换为)传递函数模型
zpk(z, p, k, …)	生成(或将其他模型转换为)零极点增益模型

例 1-5　生成连续系统的传递函数模型。

```
s1=tf([3,4,5],[1,3,5,7,9])
Transfer function:
3 s^2 + 4 s + 5
-------------------------------
s^4 + 3 s^3 + 5 s^2 + 7 s + 9
```

例 1-6　生成离散系统的零极点模型。
MATLAB 源程序为

```
z={[] ,-0.5};  %单元阵列 p82
p={0.3,[0.1+2i,0.1-2i]};
k=[2,3];
s6=zpk(z,p,k,-1)
Zero/pole/gain from input 1 to output:  %从第1输入端口至输出的零极点增益
  2
-------
(z-0.3)
Zero/pole/gain from input 2 to output:  %从第2输入端口至输出的零极点增益
3 (z+0.5)
--------------------
(z^2 - 0.2z + 4.01)
Sampling time: unspecified
```

表明该系统为双输入单输出的离散系统。

注意：对任意多输入多输出系统，MATLAB 规定不同的行代表不同输出，不同的列代表不同输入。

LTI 对象属性的获取和修改函数见表 1-4。

表 1-4　LT1 对象属性的获取和修改函数

函数名称及基本格式	功能
get (sys, 'PropertyName', 数值, …)	获得 LTI 对象的属性
set (sys, 'PropertyName', 数值, …)	设置和修改 LTI 对象的属性
ssdata,dssdata (sys)	获得变换后的状态空间模型参数
tfdata (sys)	获得变换后的传递函数模型参数
zpkdata (sys)	获得变换后的零极点增益模型参数
class	模型类型的检测

例 1-7　传递函数模型参数的转换。

```
>> sys=tf([3,4,5],[1,3,5,7,9]);          %生成传递函数模型——连续系统
```

若要求出 sys 的零极点增益系统，可输入

```
>> [z1,p1,k1,Ts1]=zpkdata(sys)
```

得到

```
z1 = [2x1 double]
p1 = [4x1 double]
k1 = 3
Ts1 =0
```

再输入

```
>> z1{1},p1{1}
ans =
-0.6667 + 1.1055i
-0.6667 - 1.1055i
ans =
 -1.6673 + 0.9330i
 -1.6673 - 0.9330i
  0.1673 + 1.5613i
  0.1673 - 1.5613i
```

模型检测函数见表 1-5。

表 1-5　模型检测函数

函数名及调用格式	功能
isct (sys)	判断 LTI 对象 sys 是否为连续时间系统。若是，返回 1；否则返回 0
isdt (sys)	判断 LTI 对象 sys 是否为离散时间系统。若是，返回 1；否则返回 0
isempty (sys)	判断 LTI 对象 sys 是否为空。若是，返回 1；否则返回 0
isproper	判断 LTI 对象 sys 是否为特定类型对象。若是，返回 1；否则返回 0
issiso (sys)	判断 LTI 对象 sys 是否为 SISO 系统。若是，返回 1；否则返回 0
size (sys)	返回系统 sys 的维数

1.4.3　系统建模的方法

系统建模是指建立系统(被控对象)的动态数学模型,简称建模。建模的全过程可分为一次建模和二次建模。一次建模是指由实际物理系统到数学模型,二次建模是指由数学模型到计算机再现,即所谓仿真。系统建模技术是研究获取系统(被控对象)动态特性的方法和手段的一门综合性技术。

系统建模的目的如下所述。

(1)控制系统的合理设计及调节器参数的最佳整定。控制系统的设计、调节器参数的最佳整定都是以被控对象的特性为依据的。为了实现生产过程的最优控制,更需要充分了解对象的动态特性。因为设计最优控制系统的基本内容就是根据被控对象的动态特性和预定的性能指标,在一定的约束条件下选择最优的控制作用,使被控对象的运行情况对预定的性能指标来说是最优的,所以建立合理的数学模型是实现最优控制的前提。

(2)指导生产设备的设计。通过对生产设备数学模型的分析和仿真,可以确定个别因素对整个控制对象动态特性的影响(如锅炉受热面的布置、管径大小、介质参数的选择等对整个锅炉出口气温、气压等动态特性的影响),从而对生产设备的结构设计提出合理的要求和建议,在设计阶段就有意识地考虑和选择有关因素,以求生产设备除了具有良好的结构、强度、效率等方面的特性之外,还能使之具有良好的动态控制性能。

(3)培训运行操作人员。对一些复杂的生产操作过程,如飞行器的驾驶、大型舰艇和潜艇的操作以及大型电站机组的运行,都应该事先对操作人员、驾驶员进行实际操作培训。随着计算机技术和仿真技术的发展,已经不需要建造小的物理模型,而是首先建立这些复杂生产过程的数学模型,然后通过计算机仿真使之成为活的模型。在这样的模型上,教练员可以方便、全面、安全地对运行操作人员进行培训。

(4)检查在真实系统中不能实现的现象。例如,一台单元机组及其控制系统究竟能承受多大的冲击电负荷,当冲击电负荷过大时会造成什么后果。这种具有一定破坏性的试验,往往不允许轻易地在实际生产设备上进行,而是首先需要建立生产过程的数学模型,再通过仿真对模型进行试验研究。

(5)在线控制。在线建立控制对象的数学模型,不断调整控制器的参数,可以获得较好的控制效果。当然,当建模用于控制时,如何选择模型结构、误差准则和模型精度等问题也很重要。

(6)预测预报。建模技术用于预报的基本思想是,在模型结构确定的条件下,建立时变模型的参数,然后以此为基础对过程的状态进行预报。

(7)监视过程参数并实现故障诊断。许多生产过程,希望经常监视和检测可能出现的故障,以便及时排除故障。这意味着必须不断地从过程中收集信息,推断过程动态特性的变化情况。然后,根据过程特性的变化情况,判断故障是否发生、何时发生、故障大小、故障的位置等。这也是建模技术近几年来新的应用领域和热点。

1.4.4 系统建模仿真实现

1. 模型建立

假定，B_n 为当天买进或订购的报纸数量；D_n 为当天社会需要报纸的数量；S_n 为当天卖掉的报纸数量。其中，S_n 是一个随机变量。

再假定，报童每天买入和卖出每份报纸的价格分别用 P_B 和 P_S 表示，且 $P_S > P_B$，即卖出价大于买入价，则第 n 天的利润为

$$P_n = S_n \times P_S - B_n \times P_B$$

报童决定当天订购报纸的数量等于前一天的市场需求量，即

$$B_n = D_{n-1}$$

而当天卖掉的报纸数量 S_n 则由以下两个条件来决定：

$$当 D_n \leqslant B_n 时，S_n = D_n$$

$$当 D_n > B_n 时，S_n = B_n$$

即如果当天订购的报纸数量大于或等于需求量，当天卖掉的报纸数量只能等于需求量；如果当天订购的报纸数量小于需求量，当天卖掉的报纸的数量就等于订购量。

2. 模型求解

现在的问题是，如何决定前一天的市场需求量。报童决定利用过去一年的统计数字确定 D_{n-1}。报童根据以前的卖报记录知道，每天的需求量有以下几种可能：40 份、41 份、42 份、43 份、44 份、45 份、46 份；并且统计出了相对频数，如图 1-11 中的一组数据。

需求量 D_n 为 40、41、42、43、44、45、46 时的相对频数 P_n 为 0.05、0.1、0.2、0.3、0.15、0.1、0.1。

其需求量的平均值 $D_n = \sum_i P_n = 43.10$。

最后，报童做了一个轮盘，并将其分成了七份，每份的大小分别等于每个需求量对应的频数，即需求量分别为 40、41、42、43、44、45、46 份报纸时，其轮盘上对应的面积分别为 0.05、0.1、0.2、0.3、0.15、0.1、0.1。

这样，报童每天去订货之前转一次轮盘，指针所指的数量就作为前一天的需求量 D_{n-1}。假定，第一天转了一次，$D_{n-1} = 45$，即 $D_0 = 45$ 作为第二天买报的依据；第二天又转了一次，$D_1 = 44$ 表示当天需求量，说明这一天订购 44 份，由于 $B_n > D_n$，所以只卖掉 44 份，即 $S_n = D_n$……第六天又转了一次，$D_5 = 41$ 表示当天的需求量，说明这一天订购 40 份，由于 $B_n < D_n$，所以当天只卖掉 40 份，即 $S_n = B_n$，依次类推。最后得到的仿真结果如图 1-11 所示。

3. 实验结果

报童问题的数据表及仿真结果如图 1-11 所示。

S_n	P_n	$\sum P_n$
44	12.7	12.7
43	12.4	25.1
42	12.1	37.2
40	11.0	48.2
40	12.0	60.2
41	12.3	72.5

图 1-11　报童问题数据表及仿真结果

 知识拓展

MATLAB 产生的历史背景

在 20 世纪 70 年代中期，Cleve Moler 博士和其同事在美国国家科学基金的资助下开发了调用 EISPACK 和 LINPACK 的 Fortran 子程序库。EISPACK 是特征值求解的 Fortran 程序库，LINPACK 是解线性方程的程序库。在当时，这两个程序库代表矩阵运算的最高水平。

到 20 世纪 70 年代后期，时任美国 New Mexico 大学计算机系系主任的 Cleve Moler，在给学生讲授线性代数课程时，想教学生使用 EISPACK 和 LINPACK 程序库，但他发现学生用 Fortran 编写接口程序很费时间，于是他开始自己动手，利用业余时间为学生编写 EISPACK 和 LINPACK 的接口程序。

Cleve Moler 给这个接口程序取名为 MATLAB，该名为矩阵(matrix)和实验室(laboratory)两个英文单词的前 3 个字母的组合。在以后的数年里，MATLAB 在多所大学里作为教学辅助软件使用，并作为面向大众的免费软件广为流传。

1983 年春天，Cleve Moler 到 Stanford 大学讲学，MATLAB 深深地吸引了工程师 John Little。John Little 敏锐地觉察到 MATLAB 在工程领域的广阔前景。同年，他和 Cleve Moler、Sieve Bangert 一起，用 C 语言开发了第二代专业版。这一代的 MATLAB 语言同时具备了数值计算和数据图示化的功能。

1984 年，Cleve Moler、John Little 等成立了 MathWorks 公司，正式把 MATLAB 推向市场，并继续进行 MATLAB 的研究和开发。

在当今 30 多个数学类科技应用软件中，就软件数学处理的原始内核而言，可分为两大类。一类是数值计算型软件，如 MATLAB、Xmath、Gauss 等，这类软件长于数值计算，处理大批数据效率高；另一类是数学分析型软件，如 Mathematica、Maple 等，这类软件以符号计算见长，能给出解析解和任意精度解，其缺点是处理大量数据时效率较低。MathWorks 公司顺应多功能需求的潮流，在其卓越数值计算和图示能力的基础上，又率先在专业水平上开拓了其符号计算、文字处理、可视化建模和实时控制能力，开发了适合多学科、多部门要求的新一代科技应用软件 MATLAB。经过多年的国际竞争,MATLAB 已经占据了数值型软件市场的主导地位。

在 MATLAB 进入市场前,国际上的许多应用软件包都是直接以 Fortran 语言和 C 语言等编程语言开发的。这种软件的缺点是使用面窄、接口简陋、程序结构不开放以及没有标准的基库,很难适应各学科的最新发展,因而很难推广。MATLAB 的出现,为各国科学家开发学科软件提供了新的基础。在 MATLAB 问世不久的 20 世纪 80 年代中期,原先控制领域里的一些软件包纷纷被淘汰或在 MATLAB 上重建。

时至今日,经过 MathWorks 公司的不断完善,MATLAB 已经发展成适合多学科、多种工作平台的功能强劲的大型软件。在国外,MATLAB 已经经受了多年考验。在欧美等高校,MATLAB 已经成为线性代数、自动控制理论、数理统计、数字信号处理、时间序列分析、动态系统仿真等高级课程的基本教学工具,成为攻读学位的大学生、硕士生、博士生必须掌握的基本技能。在设计研究单位和工业部门,MATLAB 被广泛用于科学研究和解决各种具体问题。

习 题 1

1. 单项选择题

(1)可以用命令或菜单清除命令窗口中的内容。若用命令,则这个命令是( )。

    A．clear   B．clc   C．clf   D．cls

(2)启动 MATLAB 程序后,如果不见工作空间窗口出现,其最有可能的原因是( )。

    A．程序出了问题   B．桌面菜单中 Workspace 菜单项未选中

    C．其他窗口打开太多   D．其他窗口未打开

(3)在一个矩阵的行与行之间需用某个符号分隔,这个字符可以是( )。

    A．句号   B．减号   C．逗号   D．回车

2. 求多项式 $p(x) = 3x^3 + 2x + 1$ 的根。

提示:使用 roots 命令,参照例 1-2。

3. 绘制函数 $f(x) = \begin{cases} x^2 + \sqrt[4]{1+x} + 5, & x > 0 \\ 0, & x = 0 \\ x^3 + \sqrt{1-x} - 5, & x < 0 \end{cases}$。

实验 1   MATLAB 的基本入门操作

1. 实验目的

(1)熟练掌握 MATLAB 的启动与退出,安装与卸载。

(2)熟练 MATLAB 窗体的各部分组成及功能。

(3)初步掌握 MATLAB 的强大功能与事例。

2. 实验内容

在 MATLAB 语言的运行环境中，进行 MATLAB 语言的安装、卸载，并在此环境下运行 MATLAB 语言的各功能。

3. 实验分析

1）MATLAB 的安装

下载 MATLAB 安装软件，然后双击 EXE 文件，打开如图 1-12 所示安装窗口。

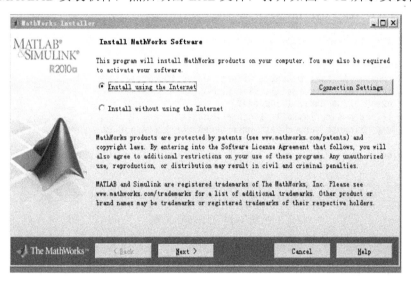

图 1-12　"MathWorks Installer"安装界面

选择"Install using the Internet"选项，单击"Next"按钮，进入下一步，显示界面如图 1-13 所示。

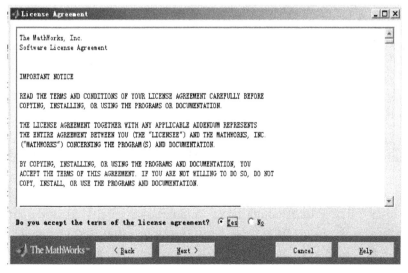

图 1-13　"License Agreement"图

在认证同意与否的选项处，选中"Yes"表示同意。

从安装软件的程序包里找到"install-记事本"，双击打开如图 1-14 所示，选择正确的安装验证密钥"55013-56979-18948-50009-49060"，然后复制，在如图 1-15 所示的密钥处准备粘贴输入。

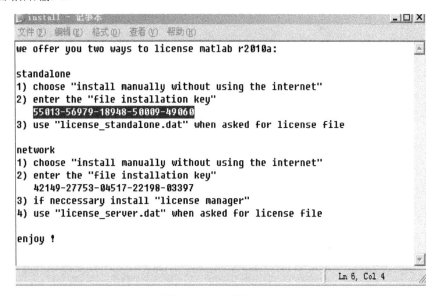

图 1-14　序列号文本

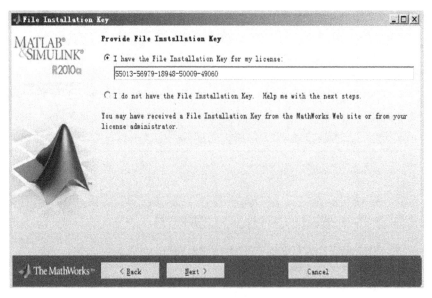

图 1-15　"File Installing Key"安装密钥输入图

在图 1-15 所示的"File Installing Key"安装密钥输入图中，选择第一个单选框，在编辑框内粘贴上一步已经复制的密钥"55013-56979-18948-50009-49060"，然后单击"Next"按钮，弹出如图 1-16 所示"Installation Type"安装类型选择窗口，选择第二个"Custom"选项。

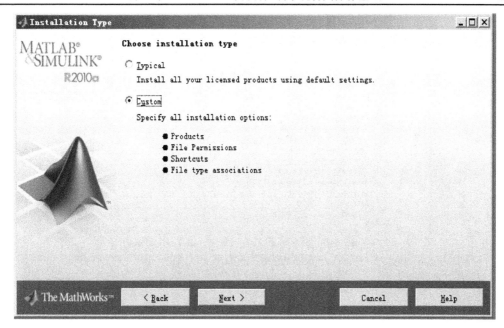

图 1-16　"Installation Type"安装类型选择窗口图

选择好第二项，单击"Next"弹出如图 1-17 所示"Folder Selection"文件路径选择图，单击"Browser"按钮，选择所要安装该软件的路径，并建立相应的文件夹。

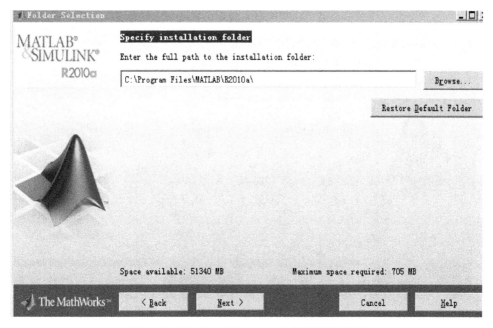

图 1-17　"Folder Selection"文件路径选择图

通过浏览计算机确定路径后，即可单击"Next"按钮，弹出如图 1-18 所示的"Product Selection"产品选择图，根据需要选择，一般默认常用全选。

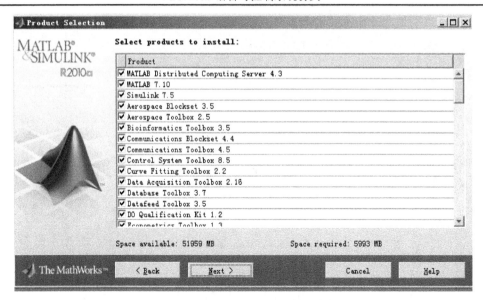

图 1-18 "Product Selection"产品选择图

单击"Next"按钮，弹出如图 1-19 所示"Installation Options"安装选项窗口，在该窗口内选择如图所示的基本选项。

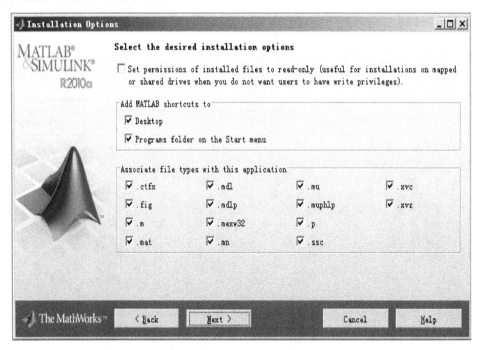

图 1-19 "Installation Options"安装选项窗口图

单击"Next"按钮，继续安装，弹出如图 1-20 和图 1-21 所示安装进度窗口图。

此时，不要单击"Cancel"按钮，一直等待直至 100%完成，桌面显示 MATLAB 快捷图标，表明安装完毕，下次使用的时候双击即可打开应用程序。

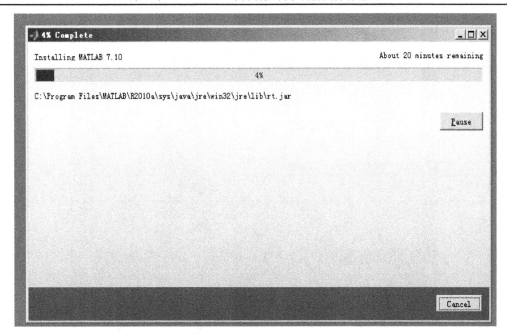

图 1-20　进度 4%已完成图

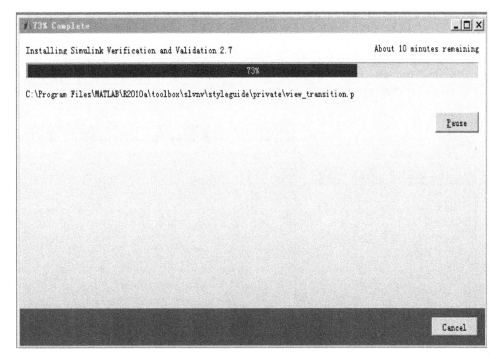

图 1-21　进度 73%已完成图

2) MATLAB 的运行环境

双击 MATLAB 快捷图标启动后，如图 1-22 R2010a 启动界面图所示，然后等待启动后显示图 1-23 所示的应用编程环境图。

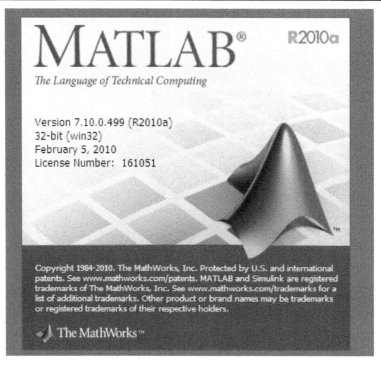

图 1-22　R2010a 启动界面图

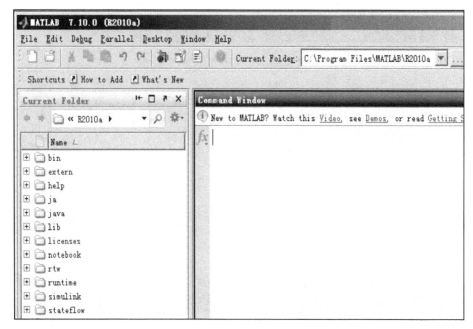

图 1-23　R2010a 应用编程环境图

3）MATLAB 的卸载过程

具体的卸载过程如图 1-24～图 1-26 所示。此时系统默认当时计算机安装的对象。

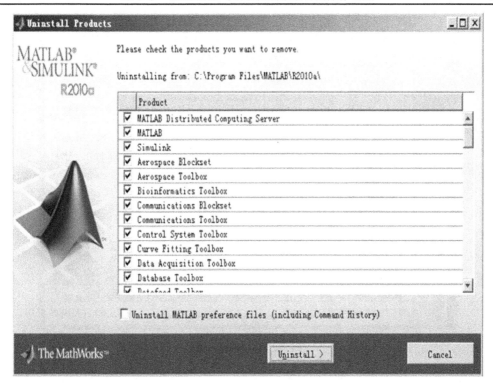

图 1-24　卸载软件图

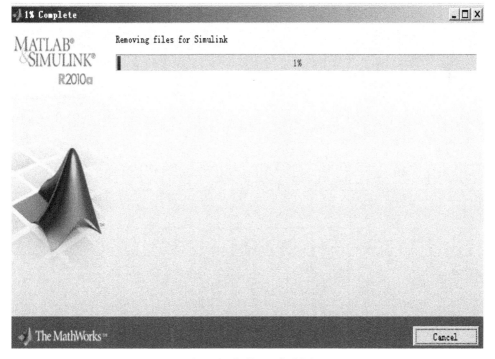

图 1-25　卸载 1%完成图

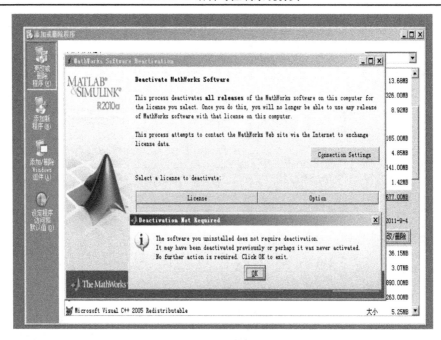

图 1-26　卸载完成图

　　以上过程介绍了 MATLAB 的安装与卸载，启动与退出，基本熟悉了 MATLAB 的窗体结构与功能，了解到 MATLAB 功能的强大。

第2章　MATLAB 矩阵及其运算

在 MATLAB 中，数、向量、数组和矩阵的概念经常被混淆。对 MATLAB 来说，数组或向量与二维矩阵在本质上没有任何区别，都是以矩阵的形式保存的。一维数组相当于向量，二维数组相当于矩阵，所以矩阵是数组的子集。

MATLAB 的数据结构只有矩阵一种形式，单个的数就是 1×1 的矩阵，向量就是 1×n 或 n×1 的矩阵，但数、向量、数组与矩阵的某些运算方法是不同的。本章主要介绍数组、向量和矩阵的概念、建立和运算方法。

学习目标

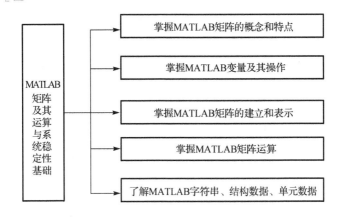

2.1　变量和数据操作

2.1.1　变量与赋值

1. 变量命名

在 MATLAB 7.0 中，变量名是以字母开头，后接字母、数字或下划线的字符序列，最多 63 个字符。在 MATLAB 中，变量名区分字母的大小写。

2. 赋值语句

(1) 变量=表达式。

(2) 表达式。

其中，表达式是用运算符将有关运算量连接起来的式子，其结果是一个矩阵。

例 2-1　计算表达式的值，并显示计算结果。

在 MATLAB 命令窗口输入命令：

```
x=1+2i;
y=3-sqrt(17);
z=(cos(abs(x+y))-sin(78*pi/180))/(x+abs(y))
```

其中，pi 和 i 都是 MATLAB 预先定义的变量，分别代表圆周率 π 和虚数单位。

输出结果是：

```
z =
   -0.3488 + 0.3286i
```

2.1.2　预定义变量

在 MATLAB 工作空间中，还驻留几个由系统本身定义的变量。例如，用 pi 表示圆周率 π 的近似值，用 i、j 表示虚数单位。预定义变量有特定的含义，常见的预定义变量及其含义如表 2-1 所示，在使用时，应尽量避免对这些变量重新赋值。

表 2-1　常见的预定义变量及其含义

特殊的变量、常量	取值
ans	用于结果的缺省变量名
pi	圆周率 π 的近似值 (3.1416)
eps	数学中无穷小 (epsilon) 的近似值 (2.2204×10^{-16})
inf	无穷大，如 1/0＝inf (infinity)
NaN	非数，如 0/0＝NaN (Not a Number)，inf/inf＝NaN
i、j	虚数单位：i=j=$\sqrt{-1}$
nargin	函数输入参数个数
nargout	函数输出参数个数
realmax	最大正实数
realmin	最小正实数
lasterr	存放最新的错误信息
lastwarn	存放最新的警告信息

2.1.3　内存变量的管理

1．内存变量的删除与修改

MATLAB 工作空间窗口专门用于内存变量的管理。在工作空间窗口中可以显示所有内存变量的属性。当选中某些变量后，再单击"Delete"按钮，就能删除这些变量。当选中某些变量后，再单击"Open"按钮，将进入变量编辑器。通过变量编辑器可以直接观察变量中的具体元素，也可对其修改。

clear 命令用于删除 MATLAB 工作空间中的变量。

who 和 whos 这两个命令用于显示在 MATLAB 工作空间中已经驻留的变量名清单。who 命令只显示出驻留变量的名称；whos 在给出变量名的同时，还给出它们的大小、所占字节数及数据类型等信息。

2. 内存变量文件

利用 MAT 文件可以把当前 MATLAB 工作空间中的一些有用变量长久地保留下来，扩展名是.mat。MAT 文件的生成和装入由 save 和 load 命令来完成。常用格式为

```
save 文件名 [变量名表] [-append][-ascii]
load 文件名 [变量名表] [-ascii]
```

其中，文件名可以带路径，但不需带扩展名.mat，命令隐含一定对.mat 文件进行操作。变量名表中的变量个数不限，只要内存或文件中存在即可，变量名之间以空格分隔。当变量名表省略时，保存或装入全部变量。"-ascii"选项使文件以 ASCII 格式处理，省略该选项时文件将以二进制格式处理。save 命令中的"-append"选项控制将变量追加到 MAT 文件中。

2.1.4　MATLAB 常用数学函数

MATLAB 提供了许多数学函数，函数的自变量规定为矩阵变量，运算法则是将函数逐项作用于矩阵的元素上，因而运算的结果是一个与自变量同维数的矩阵。

函数使用说明：

(1) 单位计算。

(2) 函数可以求实数的绝对值、复数的模、字符串的 ASCII 码值。

(3) 要注意函数 fix、floor、ceil、round 的区别。

(4) 要注意函数 rem 与 mod 的区别。$\mathrm{rem}(x, y)$ 和 $\mathrm{mod}(x, y)$ 要求 x, y 必须为相同大小的实矩阵或标量。

常见数学函数见表 2-2。

表 2-2　常见数学函数

函数名	数学计算功能	函数名	数学计算功能
$\mathrm{abs}(x)$	实数的绝对值或复数的幅值	$\mathrm{floor}(x)$	对 x 朝-∞方向取整
$\mathrm{acos}(x)$	反余弦 $\arccos x$	$\mathrm{gcd}(m, n)$	求正整数 m 和 n 的最大公约数
$\mathrm{acosh}(x)$	反双曲余弦 $\mathrm{arcosh}x$	$\mathrm{imag}(x)$	求复数 x 的虚部
$\mathrm{angle}(x)$	在四象限内求复数 x 的相角	$\mathrm{lcm}(m, n)$	求正整数 m 和 n 的最小公倍数
$\mathrm{asin}(x)$	反正弦 $\arcsin x$	$\log(x)$	自然对数(以 e 为底数)
$\mathrm{asinh}(x)$	反双曲正弦 $\mathrm{arsinh}x$	$\log_{10}(x)$	常用对数(以 10 为底数)
$\mathrm{atan}(x)$	反正切 $\arctan x$	$\mathrm{real}(x)$	求复数 x 的实部
$\mathrm{atan2}(x,y)$	在四象限内求反正切	$\mathrm{rem}(m, n)$	求正整数 m 和 n 的 m/n 之余数
$\mathrm{atanh}(x)$	反双曲正切 $\mathrm{artanh}x$	$\mathrm{round}(x)$	对 x 四舍五入到最接近的整数
$\mathrm{ceil}(x)$	对 x 朝+∞方向取整	$\mathrm{sign}(x)$	符号函数：求出 x 的符号
$\mathrm{conj}(x)$	求复数 x 的共轭复数	$\sin(x)$	正弦 $\sin x$
$\cos(x)$	余弦 $\cos x$	$\mathrm{sinh}(x)$	双曲正弦 $\sinh x$
$\mathrm{cosh}(x)$	双曲余弦 $\cosh x$	$\mathrm{sqrt}(x)$	求实数 x 的平方根：$\sqrt{x}$
$\exp(x)$	指数函数 e^x	$\tan(x)$	正切 $\tan x$
$\mathrm{fix}(x)$	对 x 朝原点方向取整	$\mathrm{tanh}(x)$	双曲正切 $\tanh x$

若输入 $x = [-4.85\ -2.3\ -0.2\ 1.3\ 4.56\ 6.75]$，则

```
ceil(x)=   -4    -2     0     2     5     7
fix(x) =   -4    -2     0     1     4     6
floor(x)=  -5    -3    -1     1     4     6
round(x)=  -5    -2     0     1     5     7
```

2.1.5 数据的输出格式

MATLAB 用十进制数表示一个常数，具体可采用日常记数法和科学记数法两种表示方法。在一般情况下，MATLAB 内部每一个数据元素都是用双精度数来表示和存储的。数据输出时用户可以用 format 命令设置或改变数据输出格式。format 命令的格式为

```
format   格式符
```

其中，格式符决定数据的输出格式。各种格式符及其含义见表 2-3。注意，format 命令只影响数据输出格式，而不影响数据的计算和存储。

表 2-3　控制数据输出格式的格式符及其含义

格式符	含义
short	输出小数点后 4 位，最多不超过 7 位有效数字。对于大于 1000 的实数，用 5 位有效数字的科学记数形式输出
long	15 位有效数字形式输出
short e	5 位有效数字的科学记数形式输出
long e	15 位有效数字的科学记数形式输出
short g	从 short 和 short e 中自动选择最佳输出方式
long g	从 long 和 long e 中自动选择最佳输出方式
rat	近似有理数表示
hex	十六进制表示
+	正数、负数、零分别用＋、－、空格表示
bank	银行格式，圆、角、分表示
compact	输出变量间没有空行
loose	输出变量间有空行

2.2　MATLAB 矩阵

2.2.1 矩阵的建立

1. 直接输入法

最简单的建立矩阵的方法是从键盘直接输入矩阵的元素。具体方法如下：将矩阵的元素用方括号括起来，按矩阵行的顺序输入各元素，同一行的各元素之间用空格或逗号分隔，不同行的元素之间用分号分隔。

2. 利用 M 文件建立矩阵

对于比较大且比较复杂的矩阵，可以为它专门建立一个 M 文件。下面通过一个简单例子来说明如何利用 M 文件创建矩阵。

(1) 任何矩阵(向量)，可以直接按行方式输入每个元素：同一行中的元素用逗号或者空格符来分隔；行与行之间用分号分隔。所有元素处于一个方括号内。

```
>> Time = [11 1212345678910]
>> X_Data = [2.323.43;4.375.98]
```

(2) 系统中提供了多个命令用于输入特殊的矩阵，见表 2-4。

表 2-4　函数及功能

函数	功能
zeros	元素全为 0 的矩阵
ones	元素全为 1 的矩阵
rand	元素服从 0~1 的均匀分布的随机矩阵
randn	均值为 0、方差为 1 的标准正态分布随机矩阵
eye	对角线上元素为 1 的矩阵

这几个函数的调用格式类似，下面以产生零矩阵的 zeros 函数为例进行说明。其调用格式为

```
zeros(m)         %产生 m*m 零矩阵
zeros(m,n)       %产生 m*n 零矩阵。当m=n时,等同于zeros(m)
zeros(size(A))   %产生与矩阵 A 同样大小的零矩阵
```

例 2-2　利用 M 文件建立 MYMAT 矩阵。

(1) 启动有关编辑程序或 MATLAB 文本编辑器，并输入待建矩阵。

(2) 把输入的内容以纯文本方式存盘(设文件名为 mymatrix.m)。

(3) 在 MATLAB 命令窗口中输入 mymatrix，即运行该 M 文件，就会自动建立一个名为 MYMAT 的矩阵，可供以后使用。

3. 利用冒号表达式建立一个向量

冒号表达式可以产生一个行向量，一般格式是

```
e1:e2:e3
```

其中，e_1 为初始值；e_2 为步长；e_3 为终止值。

在 MATLAB 中，还可以用 linspace 函数产生行向量。其调用格式为

```
linspace(a,b,n)
```

其中，a 和 b 是生成向量的第一个和最后一个元素；n 是元素总数。

显然，linspace(a,b,n) 与 $a:(b-a)/(n-1):b$ 等价。

4. 建立大矩阵

大矩阵可由方括号中的小矩阵或向量建立起来。

2.2.2　矩阵的拆分

1. 矩阵元素

通过下标引用矩阵的元素，例如，$A(3,2)=200$ 采用矩阵元素的序号来引用矩阵元素。矩阵元素的序号就是相应元素在内存中的排列顺序。在 MATLAB 中，矩阵元素按列存储，先第一列，再第二列，依次类推。如：

```
A=[1,2,3;4,5,6];
A(3)
ans =2
```

显然，序号(Index)与下标(Subscript)是一一对应的，以 $m×n$ 矩阵 A 为例，矩阵元素 $A(i,j)$ 的序号为 $(j-1)×m+i$。其相互转换关系也可利用 sub2ind 和 ind2sub 函数求得。

2. 矩阵拆分

1) 利用冒号表达式获得子矩阵

(1) $A(:,j)$ 表示取 A 矩阵的第 j 列全部元素；$A(i,:)$ 表示取 A 矩阵第 i 行的全部元素；$A(i,j)$ 表示取 A 矩阵第 i 行、第 j 列的元素。

(2) $A(i:i+m,:)$ 表示取 A 矩阵第 $i\sim i+m$ 行的全部元素；$A(:,k:k+m)$ 表示取 A 矩阵第 $k\sim k+m$ 列的全部元素，$A(i:i+m,k:k+m)$ 表示取 A 矩阵第 $i\sim i+m$ 行内，并在第 $k\sim k+m$ 列中的所有元素。

此外，还可利用一般向量和 end 运算符来表示矩阵下标，从而获得子矩阵。end 表示某一维的末尾元素下标。

2) 利用空矩阵删除矩阵的元素

在 MATLAB 中，定义[]为空矩阵。给变量 X 赋空矩阵的语句为 X=[]。注意，X=[] 与 clear X 不同，clear 是将 X 从工作空间中删除，而空矩阵则存在于工作空间中，只是维数为 0。

2.2.3　特殊矩阵

1. 通用的特殊矩阵

常用的产生通用特殊矩阵的函数如下。

zeros：产生全 0 矩阵(零矩阵)。

ones：产生全 1 矩阵(幺矩阵)。

eye：产生单位矩阵。

rand：产生 0～1 均匀分布的随机矩阵。

randn：产生均值为 0，方差为 1 的标准正态分布随机矩阵。

例 2-3　分别建立 3×3、3×2 和与矩阵 A 同样大小的零矩阵。

(1)建立一个 3×3 零矩阵。

```
zeros(3)
>> zeros(3)
ans =
    0    0    0
    0    0    0
    0    0    0
```

(2)建立一个 3×2 零矩阵。

```
zeros(3,2)
ans =
    0    0
    0    0
    0    0
```

(3)设 A 为 2×3 矩阵，则可以用 zeros(size(A)) 建立一个与矩阵 A 同样大小的零矩阵。

```
A=[1 2 3;4 5 6];        %产生一个 2×3 阶矩阵 A
zeros(size(A))          %产生一个与矩阵 A 同样大小的零矩阵
```

例 2-4　建立随机矩阵：

(1)在区间[20,50]内均匀分布的 5 阶随机矩阵。

(2)均值为 0.6、方差为 0.1 的 5 阶正态分布随机矩阵。

命令如下：

```
x=20+(50-20)*rand(5)
y=0.6+sqrt(0.1)*randn(5)
```

结果为

```
x =
   48.5039   42.8629   38.4630   32.1712   21.7367
   26.9342   33.6940   43.7581   48.0641   30.5860
   38.2053   20.5551   47.6544   47.5071   44.3950
   34.5795   44.6422   42.1462   32.3081   20.2958
   46.7390   33.3411   25.2880   46.8095   24.1667
y =
    0.4632    0.9766    0.5410    0.6360    0.6931
    0.0733    0.9760    0.8295    0.9373    0.1775
    0.6396    0.5881    0.4140    0.6187    0.8259
    0.6910    0.7035    1.2904    0.5698    1.1134
    0.2375    0.6552    0.5569    0.3368    0.3812
```

此外，常用的函数还有 reshape(A,m,n)，它在矩阵总元素保持不变的前提下，将矩阵 A 重新排成 m×n 的二维矩阵。

2. 用于专门学科的特殊矩阵

1) 魔方矩阵

魔方矩阵有一个有趣的性质,其每行、每列及两条对角线上的元素和都相等。对于 n 阶魔方阵,其元素由 1,2,3,$\cdots$,n^2 共 n^2 个整数组成。MATLAB 提供了求魔方矩阵的函数 magic(n),其功能是生成一个 n 阶魔方阵。

例 2-5　将 101~125 等 25 个数填入一个 5 行 5 列的表格中,使其每行每列及对角线的和均为 565。

```
M=100+magic(5)
```

结果为

```
M =
   117   124   101   108   115
   123   105   107   114   116
   104   106   113   120   122
   110   112   119   121   103
   111   118   125   102   109
```

2) 范德蒙德矩阵

范德蒙德(Vandermonde)矩阵最后一列全为 1,倒数第二列为一个指定的向量,其他各列是其后列与倒数第二列的点乘积。可以用一个指定向量生成一个范德蒙德矩阵。在 MATLAB 中,函数 vander(V)指生成以向量 V 为基础向量的范德蒙德矩阵。

例如,A=vander([1;2;3;5])即可得到上述范德蒙德矩阵。

3) 希尔伯特矩阵

在 MATLAB 中,生成希尔伯特矩阵的函数是 hilb(n)。使用一般方法求逆会因为原始数据的微小扰动而产生不可靠的计算结果。在 MATLAB 中,有一个专门求希尔伯特矩阵的逆的函数:invhilb(n),其功能是求 n 阶的希尔伯特矩阵的逆矩阵。

例 2-6　求 4 阶希尔伯特矩阵及其逆矩阵。

命令如下:

```
format rat              %以有理形式输出
H=hilb(4)
H=invhilb(4)
```

结果为

```
H =
   1        1/2      1/3      1/4
   1/2      1/3      1/4      1/5
   1/3      1/4      1/5      1/6
   1/4      1/5      1/6      1/7
```

```
H =
      16      -120       240      -140
    -120      1200     -2700      1680
     240     -2700      6480     -4200
    -140      1680     -4200      2800
```

4）特普利茨矩阵

特普利茨（Toeplitz）矩阵除第一行第一列外，其他每个元素都与左上角的元素相同。生成特普利茨矩阵的函数是 toeplitz(x, y)，它生成一个以 x 为第一列，y 为第一行的特普利茨矩阵。这里 x, y 均为向量，两者不必等长。toeplitz(x)用向量 x 生成一个对称的特普利茨矩阵。

例如

```
T=toeplitz(1:6)
```

结果为

```
T =
      1      2      3      4      5      6
      2      1      2      3      4      5
      3      2      1      2      3      4
      4      3      2      1      2      3
      5      4      3      2      1      2
      6      5      4      3      2      1
```

5）伴随矩阵

MATLAB 生成伴随矩阵的函数是 compan(p)，其中 p 是一个多项式的系数向量，高次幂系数排在前，低次幂系数排在后。

例如，为了求多项式的 x^3-7x+6 的伴随矩阵，可使用命令：

```
p=[1,0,-7,6];
compan(p)
```

结果为

```
ans =
      0      7     -6
      1      0      0
      0      1      0
```

6）帕斯卡矩阵

已知二次项$(x+y)^n$展开后的系数随 n 的增大组成一个三角形表，称为杨辉三角形。由杨辉三角形表组成的矩阵称为帕斯卡（Pascal）矩阵。函数 pascal(n)生成一个 n 阶帕斯卡矩阵。

例 2-7　求$(x+y)^5$的展开式。

在 MATLAB 命令窗口，输入命令：

```
pascal(6)
```

矩阵次对角线上的元素 1,5,10,10,5,1 即为展开式的系数。

```
ans =
     1        1        1        1        1        1
     1        2        3        4        5        6
     1        3        6       10       15       21
     1        4       10       20       35       56
     1        5       15       35       70      126
     1        6       21       56      126      252
```

2.3 MATLAB 矩阵运算

2.3.1　关系运算

MATLAB 提供了 6 种关系运算符：<(小于)、<=(小于或等于)、>(大于)、>=(大于或等于)、==(等于)、～=(不等于)。它们的含义不难理解，但要注意其书写方法与数学中的不等式符号不尽相同。

关系运算符的运算法则如下：

(1)当两个比较量是标量时，直接比较两数的大小。若关系成立，关系表达式结果为 1，否则为 0。

(2)当参与比较的量是两个维数相同的矩阵时,比较是对两矩阵相同位置的元素按标量关系运算规则逐个进行，并给出元素比较结果。最终的关系运算的结果是一个维数与原矩阵相同的矩阵，它的元素由 0 或 1 组成。

(3)当参与比较的一个是标量，而另一个是矩阵时，则把标量与矩阵的每一个元素按标量关系运算规则逐个比较，并给出元素比较结果。最终的关系运算的结果是一个维数与原矩阵相同的矩阵，它的元素由 0 或 1 组成。

例 2-8　产生 5 阶随机方阵 A，其元素为[10,90]区间的随机整数，然后判断 A 的元素是否能被 3 整除。

(1)生成 5 阶随机方阵 A。

```
A=fix((90-10+1)*rand(5)+10)
```

结果为

```
A =
    26       11       43       77       50
    26       70       78       11       67
    58       46       52       65       44
    32       85       26       40       34
    26       47       64       77       25
```

(2)判断 A 的元素是否可以被 3 整除。

```
P=rem(A,3)=0
```

结果为

```
P =
     0     0     0     0     0
     0     0     1     0     0
     0     0     0     0     0
     0     0     0     0     0
     0     0     0     0     0
```

其中，rem$(A,3)$是矩阵 A 的每个元素除以 3 的余数矩阵。此时，0 被扩展为与 A 同维数的零矩阵，P 是进行等于(==)比较的结果矩阵。

2.3.2　逻辑运算

MATLAB 提供了 3 种逻辑运算符：&(与)、|(或)和~(非)。逻辑运算的运算法则如下：

(1)在逻辑运算中，确认非零元素为真，用 1 表示，零元素为假，用 0 表示。

(2)设参与逻辑运算的是两个标量 a 和 b，那么

$a\&b$ 表示 a,b 全为非零时，运算结果为 1，否则为 0。

$a|b$ 表示 a,b 中只要有一个非零，运算结果为 1。

$\sim a$ 表示当 a 是零时，运算结果为 1；当 a 非零时，运算结果为 0。

(3)若参与逻辑运算的是两个同维矩阵，那么运算将对矩阵相同位置上的元素按标量规则逐个进行。最终运算结果是一个与原矩阵同维的矩阵，其元素由 1 或 0 组成。

(4)若参与逻辑运算的一个是标量，另一个是矩阵，那么运算将在标量与矩阵中的每个元素之间按标量规则逐个进行。最终运算结果是一个与矩阵同维的矩阵，其元素由 1 或 0 组成。

(5)逻辑非是单目运算符，也服从矩阵运算规则。

(6)在算术、关系、逻辑运算中，算术运算优先级最高，逻辑运算优先级最低。

例 2-9　建立矩阵 A，然后找出大于 4 的元素的位置。

(1)建立矩阵 A。

```
A=[4,-65,-54,0,6;56,0,67,-45,0]
```

结果为

```
A =
     4     -65    -54      0      6
    56       0     67    -45      0
```

(2)找出大于 4 的元素的位置。

```
find(A>4)
```

结果为

```
ans =
     2
     6
     9
```

2.3.3　算术运算

1. 基本算术运算

MATLAB 的基本算术运算有：+(加)、−(减)、*(乘)、/(右除)、\(左除)、^(乘方)。注意，运算是在矩阵意义下进行的，单个数据的算术运算只是一种特例。

1) 矩阵加减运算

假定有两个矩阵 A 和 B，则可以由 $A+B$ 和 $A−B$ 实现矩阵的加减运算。运算规则是：若 A 和 B 矩阵的维数相同，则可以执行矩阵的加减运算，A 和 B 矩阵的相应元素相加减。如果 A 与 B 矩阵的维数不相同，则 MATLAB 将给出错误信息，提示用户两个矩阵的维数不匹配。

2) 矩阵乘法

假定有两个矩阵 A 和 B，若 A 为 $m×n$ 矩阵，B 为 $n×p$ 矩阵，则 $C = A*B$ 为 $m×p$ 矩阵。

3) 矩阵除法

在 MATLAB 中，有两种矩阵除法运算：\和/，分别表示左除和右除。如果 A 矩阵是非奇异方阵，则 $A\B$ 和 B/A 运算可以实现。$A\B$ 等效于 A 矩阵的逆左乘 B 矩阵，也就是 $\mathrm{inv}(A)*B$，而 B/A 等效于 A 矩阵的逆右乘 B 矩阵，也就是 $B*\mathrm{inv}(A)$。

对于含有标量的运算，两种除法运算的结果相同，如 3/4 和 4\3 有相同的值，都等于 0.75。又如，设 $a = [10.5,25]$，则 $a/5=5\a=[2.1000\ \ 5.0000]$。对矩阵来说，左除和右除表示两种不同的除数矩阵和被除数矩阵的关系。对于矩阵运算，一般 $A\B≠B/A$。

4) 矩阵的乘方

一个矩阵的乘方运算可以表示成 A^x，要求 A 为方阵，x 为标量。

如在 MATLAB 命令窗口下输入：

```
>> A=[2 0 -1;1 3 2;1 1 1];
>>B=[1 7 -1;4 2 3;2 9 1];
>> M = A+B              % 矩阵 A 与 B 按矩阵运算相加
>> M = A-B              % 矩阵 A 与 B 按矩阵运算相减
>> M = A*B              % 矩阵 A 与 B 按矩阵运算相乘
>> M = A./B             % 矩阵 A 与 B 按矩阵运算相除
>> M = A'               % 矩阵 A 转置
```

体会矩阵相乘和数组相乘的区别。

2. 点运算

在 MATLAB 中，有一种特殊的运算，因为其运算符是在有关算术运算符前面加点，所以叫点运算。点运算符有.*、./、.\和.^。两矩阵进行点运算是指它们的对应元素进行相关运算，要求两矩阵的维数相同。如在 MATLAB 命令窗口中输入：

```
>> g = [1 2 3 4];h = [4 3 2 1];
>> s1 = g + h,  s2 = g*h',  s3 = g.*h,  s4 = g./2,
```

体会矩阵相乘和数组相乘的区别。

2.4　MATLAB 矩阵分析

2.4.1　对角阵与三角阵

1. 对角阵

只有对角线上有非 0 元素的矩阵称为对角矩阵，对角线上的元素相等的对角矩阵称为数量矩阵，对角线上的元素都为 1 的对角矩阵称为单位矩阵。

1）提取矩阵的对角线元素

设 A 为 $m×n$ 矩阵，diag(A)函数用于提取矩阵 A 的主对角线元素，产生一个具有 $\min(m,n)$ 个元素的列向量。

diag(A)函数还有一种形式 diag(A,k)，其功能是提取第 k 条对角线的元素。

2）构造对角矩阵

设 V 为具有 m 个元素的向量，diag(V)将产生一个 $m×m$ 对角矩阵，其主对角线元素即为向量 V 的元素。

diag(V)函数也有另一种形式 diag(V,k)，其功能是产生一个 $n×n(n=m+)$ 对角阵，其第 k 条对角线的元素即为向量 V 的元素。

例 2-10　先建立 5×5 矩阵 A，然后将 A 的第一行元素乘以 1，第二行元素乘以 2，…，第五行元素乘以 5。

```
A=[17,0,1,0,15;23,5,7,14,16;4,0,13,0,22;10,12,19,21,3;...;
   11,18,25,2,19];
D=diag(1:5);
D*A                    %用 D 左乘 A, 对 A 的每行元素乘以一个指定常数
```

结果为

```
ans =
    17           0           1           0          15
    46          10          14          28          32
    12           0          39           0          66
    40          48          76          84          12
    55          90         125          10          95
```

2. 三角阵

三角阵又进一步分为上三角阵和下三角阵，所谓上三角阵，即矩阵的对角线以下的元素全为 0 的一种矩阵，而下三角阵则是对角线以上的元素全为 0 的一种矩阵。

1）上三角矩阵

求矩阵 A 的上三角阵的 MATLAB 函数是 triu(A)。triu(A)函数也有另一种形式 triu(A,k)，其功能是求矩阵 A 的第 k 条对角线以上的元素。例如，提取矩阵 A 的第 2 条对角线以上的元素，形成新的矩阵 B。

2）下三角矩阵

在 MATLAB 中，提取矩阵 A 的下三角矩阵的函数是 tril(A) 和 tril(A,k)，其用法与提取上三角矩阵的函数 triu(A) 和 triu(A,k) 完全相同。

2.4.2 矩阵的转置与旋转

1. 矩阵的转置

转置运算符是单撇号(′)。

2. 矩阵的旋转

利用函数 rot90(A,k)将矩阵 A 旋转 90° 的 k 倍，当 k 为 1 时可省略。

3. 矩阵的左右翻转

对矩阵实施左右翻转是将原矩阵的第一列和最后一列调换，第二列和倒数第二列调换，…，依次类推。MATLAB 对矩阵 A 实施左右翻转的函数是 fliplr(A)。

4. 矩阵的上下翻转

MATLAB 对矩阵 A 实施上下翻转的函数是 flipud(A)。

2.4.3 矩阵的逆与伪逆

1. 矩阵的逆

对于一个方阵 A，如果存在一个与其同阶的方阵 B，使得：$AB=BA=I$（I 为单位矩阵），则称 B 为 A 的逆矩阵，当然，A 也是 B 的逆矩阵。

求一个矩阵的逆是一件非常烦琐的工作，容易出错，但在 MATLAB 中，求一个矩阵的逆非常容易。求方阵 A 的逆矩阵可调用函数 inv(A)。

例 2-11　用求逆矩阵的方法解线性方程组。

$$Ax = b$$

其解为

$$x = A^{-1}b$$

2. 矩阵的伪逆

如果矩阵 A 不是一个方阵，或者 A 是一个非满秩的方阵时，矩阵 A 没有逆矩阵，但

可以找到一个与 A 的转置矩阵 A' 同型的矩阵 B，使得

$$ABA = A$$
$$BAB = B$$

此时称矩阵 B 为矩阵 A 的伪逆，也称为广义逆矩阵。在 MATLAB 中，求一个矩阵伪逆的函数是 $\text{pinv}(A)$。

2.4.4 方阵的行列式

把一个方阵看作一个行列式，并对其按行列式的规则求值，这个值就称为矩阵所对应的行列式的值。在 MATLAB 中，求方阵 A 所对应的行列式的值的函数是 $\text{det}(A)$。

2.4.5 矩阵的秩与迹

1. 矩阵的秩

矩阵线性无关的行数与列数称为矩阵的秩。在 MATLAB 中，求矩阵秩的函数是 $\text{rank}(A)$。

2. 矩阵的迹

矩阵的迹等于矩阵的对角线元素之和，也等于矩阵的特征值之和。在 MATLAB 中，求矩阵的迹的函数是 $\text{trace}(A)$。

2.4.6 向量和矩阵的范数

矩阵或向量的范数用来度量矩阵或向量在某种意义下的长度。范数可用多种方法定义，其定义不同，范数值也就不同。

1. 向量的 3 种常用范数及其计算函数

在 MATLAB 中，求向量范数的函数如下。
(1) norm(V) 或 norm(V,2)：计算向量 V 的 2-范数。
(2) norm(V,1)：计算向量 V 的 1-范数。
(3) norm(V,inf)：计算向量 V 的 ∞-范数。

2. 矩阵的范数及其计算函数

MATLAB 提供了求 3 种矩阵范数的函数，其函数调用格式与求向量的范数的函数完全相同。

2.4.7 矩阵的条件数

在 MATLAB 中，计算矩阵 A 的 3 种条件数的函数如下。
(1) cond(A,1)：计算 A 的 1-范数下的条件数。

(2) cond(A) 或 cond(A,2)：计算 A 的 2-范数下的条件数。

(3) cond(A,inf)：计算 A 的 ∞-范数下的条件数。

2.4.8　矩阵的特征值与特征向量

在 MATLAB 中，计算矩阵 A 的特征值和特征向量的函数是 eig(A)，常用的调用格式有 3 种。

(1) E=eig(A)：求矩阵 A 的全部特征值，构成向量 E。

(2) [V,D]=eig(A)：求矩阵 A 的全部特征值，构成对角阵 D，并求 A 的特征向量构成 V 的列向量。

(3) [V,D]=eig(A,'nobalance')：与第 2 种格式类似，但第 2 种格式中先对 A 作相似变换后求矩阵 A 的特征值和特征向量，而第 3 种格式直接求矩阵 A 的特征值和特征向量。

例 2-12　用求特征值的方法解方程：$3x^5-7x^4+5x^2+2x-18=0$。

命令如下：

```
p=[3,-7,0,5,2,-18];
A=compan(p);            %A 的伴随矩阵
x1=eig(A)               %求 A 的特征值
x2=roots(p)             %直接求多项式 p 的零点
```

结果为

```
x1 =
   5160/2363
      1     +     1i
      1     -     1i
   -1397/1510   +   670/931i
   -1397/1510   -   670/931i
x2 =
   5160/2363
      1     +     1i
      1     -     1i
   -1397/1510   +   670/931i
   -1397/1510   -   670/931i
```

 知识拓展

结构矩阵的建立与引用

MATLAB 使用结构数据类型把一组不同类型但同时又是在逻辑上相关的数据组成一个有机的整体，以便管理和引用。例如，要存储学生基本情况数据(姓名、性别、年龄、民族)，就可采用结构数据。

结构矩阵的元素可以是不同的数据类型，它能将一组具有不同属性的数据纳入一个统一的变量名下进行管理。建立一个结构矩阵可采用给结构成员赋值的办法，具体格式为

结构矩阵名.成员名=表达式

其中，表达式应理解为矩阵表达式。

例如，建立一个含有 3 个元素的结构矩阵 a。

```
a(1).x1=10;a(1).x2='liu';a(1).x3=[11,21;34,78];
a(2).x1=12;a(2).x2='wang';a(2).x3=[34,191;27,578];
a(3).x1=14;a(3).x2='cai';a(3).x3=[13,890;67,231];
```

除了一般的结构数据的操作外，MATLAB 还提供了部分函数来进行结构矩阵的操作，具体如下。

```
Struct:建立或转换为结构矩阵。
getfield:获取结构成员的内容。
rmfield:删除结构成员。
fieldnames:获取结构成员名。
```

注意：结构矩阵元素的成员也可以是结构数据。

(1)引用结构矩阵元素的成员时，显示其值。

(2)引用结构矩阵元素时，显示成员名和它的值，但成员是矩阵时，不显示具体内容，只显示成员矩阵大小参数。

(3)引用结构矩阵时，只显示结构矩阵大小参数和成员名。

2.5   本章小结

常量、变量、函数、运算符和表达式是所有程序设计语言中必不可少的要件，MATLAB 也不例外。但是 MATLAB 的特殊性在于它对上述这些要件做了多方面的扩充或拓展。 MATLAB 把向量、矩阵、数组当成了基本的运算量，给它们定义了具有针对性的运算符和运算函数，使其在语言中的运算方法与数学上的处理方法更趋一致。从字符串的许多运算或操作中不难看出，MATLAB 在许多方面与 C 语言非常相近，目的就是与 C 语言和其他高级语言保持良好的接口能力。认清这点对进行大型程序设计与开发是有重要意义的。

习 题 2

1. 求 $f(x)=(x-1)/(x+5)$ 在 $x_0=-5$，$x_0=1$ 作为迭代初值时的零点。

2. 求下列方程在 $(1,1,1)$ 附近的解并对结果进行验证。

$$\sin x + y + z^2 e^x = 0$$
$$x + yz = 0$$
$$xyz = 0$$

3. 求下列矩阵的主对角元素、上三角阵、下三角阵、逆矩阵、行列式的值、秩、范数、条件数、迹、特征值和特征向量。

$$(1)\ A=\begin{pmatrix} 4 & 6 & 0 \\ -3 & 5 & 0 \\ -3 & -6 & 1 \end{pmatrix} \qquad\qquad (2)\ B=\begin{pmatrix} 1 & 22 & 8 \\ 12 & 0 & 3 \\ 32 & 0 & 0 \end{pmatrix}$$

4. 利用 MATLAB 提供的 randn 函数生产符合正态分布的 10×5 随机矩阵 A 并进行如下操作。

(1) 求 A 的各列元素的均值和标准方差。

(2) 求 A 的最大元素和最小元素。

(3) 分别对 A 的每列元素按升序，每行元素按降序排序。

5. 在指令窗中输入

```
x=[2   3   pi/2   9] ;
x=[2,3,pi/2,9]
```

观察结果是否一样？

6. 要求在闭区间 $[0,2\pi]$ 上产生 50 个等距采样的一维数组 A，试用两种不同的指令实现。要寻访 1～5 个元素如何实现；寻访 7 到最后一个元素如何实现；寻访第 2、6、6、8 个元素如何实现；寻访大于 2 的元素如何实现；给第 3、5、9 个元素赋值 100 如何实现。

实验 2　MATLAB 中矩阵及其运算

1. 实验目的

(1) 熟悉 MATLAB 基本命令与操作。

(2) 熟悉 MATLAB 的矩阵运算。

(3) 了解 MATLAB 的多项式运算。

2. 实验准备

通读本书第 2 章。

3. 实验内容

已知：

$$A=[12,34,-4;34,7,87;3,65,7];$$

$$B=[1,3,-1;2,0,3;3,-2,7];$$

(1) $I=\text{eye}(3)$;	(6) $A\text{^}3$
(2) $A+6*B$;	(7) $A.\text{^}3$
(3) $A-B+I$;	(8) A/B
(4) $A*B$;	(9) $B\backslash A$
(5) $A.*B$;	(10) $[A([1,3],:):B\text{^}2]$

答案参考:

实验内容(2),(3),(4)运行后的结果分别如图 2-1 所示。

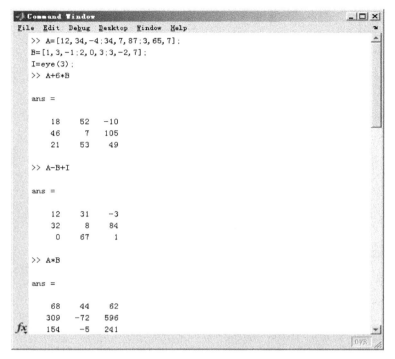

图 2-1 实验内容(2),(3),(4)程序运行窗口

实验内容(5), (6), (7)运行的结果如图 2-2 所示。

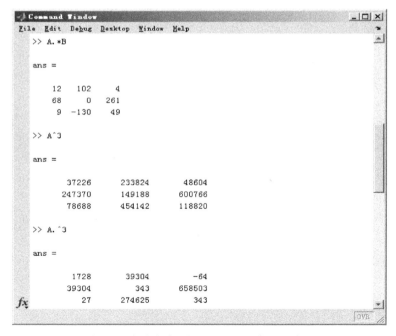

图 2-2 实验内容(5),(6),(7)程序运行窗口

实验内容(8)，(9)运行后的结果如图 2-3 所示。

```
Command Window                                    _ □ ×
File  Edit  Debug  Desktop  Window  Help
>> A/B

ans =

    16.4000   -13.6000     7.6000
    35.8000   -76.2000    50.2000
    67.0000  -134.0000    68.0000

>> B\A

ans =

   109.4000  -131.2000   322.8000
   -53.0000    85.0000  -171.0000
   -61.6000    89.8000  -186.2000

                                             OVR
```

图 2-3　实验内容(8),(9)程序运行窗口

实验内容(10)运行后的结果如图 2-4 所示。

```
Command Window                                    _ □ ×
File  Edit  Debug  Desktop  Window  Help
>> [A([1,3],:);B^2]

ans =

    12    34    -4
     3    65     7
     4     5     1
    11     0    19
    20    -5    40

>> |
                                             OVR
```

图 2-4　实验内容(10)程序运行窗口

第 3 章   MATLAB 程序设计

MATLAB 程序可以分为交互式和 M 文件的编程。对于一些简单问题的程序，用户可以直接在 MATLAB 的命令窗口中输入命令，用交互式的方式来编写；但对于较复杂的问题，由于处理的命令较多，即需要逻辑运算、需要一个或多个变量反复验证、需要进行流程的控制等，那么对于需要反复处理、复杂且容易出错的问题，可建立一个 M 文件，进行合理的程序设计，这就是 M 文件的编程工作方式。

在 MATLAB 的程序设计中，有一些命令可以控制语句的执行，如条件语句、循环语句和支持用户交互的命令，本章主要介绍这些命令、MATLAB 程序结构和语句特点。

教学要求：掌握 MATLAB 程序设计的概念和基本方法。

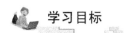 学习目标

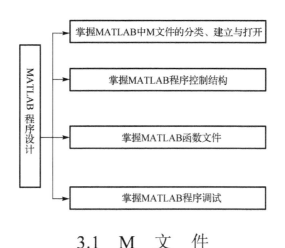

3.1   M   文   件

3.1.1   M 文件概述

用 MATLAB 语言编写的程序，称为 M 文件。M 文件可以根据调用方式的不同分为两类：命令文件(script file)和函数文件(function file)。命令文件通常用于执行一系列简单的 MATLAB 命令，运行时只需要输入文件名，MATLAB 就会自动按顺序执行文件中的命令；函数文件与命令文件不同，它可以接受参数，也可以返回参数，在一般情况下，用户不能单独输入其文件名来运行函数文件，而必须由其他语句来调用。

例 3-1　分别建立命令文件和函数文件，将华氏温度 f 转换为摄氏温度 c。

程序 1

首先，建立命令文件并以文件名 f2c.m 存盘。

```
clear;                      %清除工作空间中的变量
f=input('Input Fahrenheit Temperature: ');
c=5*(f-32)/9
```

然后，在 MATLAB 的命令窗口中输入 f2c，将会执行该命令文件，执行情况为

```
Input Fahrenheit Temperature: 73
c =
    22.7778
```

程序 2

首先，建立函数文件 f2cc.m。

```
function c=f2cc(f)   % 华氏温度与摄氏温度的转换
c=5*(f-32)/9
```

然后，在 MATLAB 的命令窗口调用该函数文件。

```
clear;
y=input('Input Fahrenheit Temperature: ');
x=f2cc(y)
```

输出情况为

```
Input Fahrenheit Temperature: 70
c =
    21.1111
x =
    21.1111
```

函数文件格式如下：

函数文件由 function 语句引导，其基本结构为

```
function 输出形参表=函数名(输入形参表)
```

注释说明部分

函数体语句

例子：

```
function c=f2cc(f)   %华氏温度与摄氏温度的转换
c=5*(f-32)/9
```

其中，以 function 开头的一行为引导行，表示该 M 文件是一个函数文件。函数名的命名规则与变量名相同。

输入形参为函数的输入参数，输出形参为函数的输出参数。当输出形参多于一个时，则应该用方括号括起来。

3.1.2　M 文件的建立与打开

M 文件是一个文本文件，它可以用任何编辑程序来建立和编辑，而一般常用且最为方便的是使用 MATLAB 提供的文本编辑器。

1．建立新的 M 文件

为建立新的 M 文件，启动 MATLAB 文本编辑器有 3 种方法。

(1)菜单操作。从 MATLAB 主窗口的 File 菜单中选择 New 菜单项，再选择 M-file 命令，屏幕上将出现 MATLAB 文本编辑器窗口。

(2)命令操作。在 MATLAB 命令窗口输入命令 edit，启动 MATLAB 文本编辑器后，输入 M 文件的内容并存盘。

(3)命令按钮操作。单击 MATLAB 主窗口工具栏上的 New M-File 命令，启动 MATLAB 文本编辑器后，输入 M 文件的内容并存盘。

2．打开已有的 M 文件

打开已有的 M 文件有 3 种方法。

(1)菜单操作。从 MATLAB 主窗口的 File 菜单中选择 Open 命令，则屏幕出现 Open 对话框，在 Open 对话框中选中所需打开的 M 文件。在文档窗口可以对打开的 M 文件进行编辑修改，编辑完成后，将 M 文件存盘。

(2)命令操作。在 MATLAB 命令窗口输入命令，打开指定的 M 文件。

(3)命令按钮操作。单击 MATLAB 主窗口工具栏上的 Open File 命令，再从弹出的对话框中选择所需打开的 M 文件。

3．M 文件的命名规则

M 文件的命名规则如下。

(1)文件名命名要用英文字符，第一个字符必须是字母而不能是数字，其中间不能有非法字符。

(2)文件名不能为两个单词，如 random walk，应该写成 random_walk，即中间不能有空格等非法字符。

(3)文件名不要取为 MATLAB 的固有函数，尽量不要是简单的英文单词，最好是由大小写英文、数字、下划线等组合而成的。原因是简单的单词命名容易和内部函数名同名，结果会出现一些莫名其妙的小错误。

(4)文件存储路径一定要为英文。

3.2　程序控制结构

3.2.1　顺序结构

1．数据的输入

从键盘输入数据，则可以使用 input 函数来进行，该函数的调用格式为

```
A=input(提示信息，选项)
```

其中，提示信息为一个字符串，用于提示用户输入什么样的数据。

如果在 input 函数调用时采用"s"选项，则允许用户输入一个字符串。例如，想输入一个人的姓名，可采用命令：

```
xm=input('What's your name?','s');
```

例 3-2　输入 x、y 的值，并将它们的值互换后输出。
程序如下：

```
x=input('Input x please.');
y=input('Input y please.');
z=x;
x=y;
y=z;
disp(x);
disp(y);
```

2. 数据的输出

MATLAB 提供的命令窗口输出函数主要有 disp 函数，其调用格式为

```
disp(输出项)
```

其中，输出项既可以为字符串，也可以为矩阵。

例 3-3　求一元二次方程 $ax^2+bx+c=0$ 的根。
程序如下：

```
a=input('a=?');
b=input('b=?');
c=input('c=?');
d=b*b-4*a*c;
x=[(-b+sqrt(d))/(2*a),(-b-sqrt(d))/(2*a)];
disp(['x1=',num2str(x(1)),',x2=',num2str(x(2))]);
```

num2str 函数功能：把数值转换成字符串，转换后可以使用 fprintf 或 disp 函数进行输出。在 MATLAB 命令窗口中键入 doc num2str 或 help num2str 即可获得该函数的帮助信息。

3. 程序的暂停

暂停程序的执行可以使用 pause 函数，其调用格式为

```
pause(延迟秒数)
```

如果省略延迟时间，直接使用 pause，则将暂停程序，直到用户按任一键后程序继续执行。若要强行中止程序的运行可使用 Ctrl+C 命令。

3.2.2　循环结构

1. for 语句

for 语句的格式为

```
for 循环变量=表达式 1:表达式 2:表达式 3
循环体语句
end
```

其中，表达式 1 的值为循环变量的初值；表达式 2 的值为步长；表达式 3 的值为循环变量的终值。当步长为 1 时，表达式 2 可以省略。

例 3-4　一个三位整数各位数字的立方和等于该数本身，则称该数为水仙花数。输出全部水仙花数。

程序如下：

```
for m=100:999
m1=fix(m/100);                %求 m 的百位数字
m2=rem(fix(m/10),10);         %求 m 的十位数字
m3=rem(m,10);                 %求 m 的个位数字
if m==m1*m1*m1+m2*m2*m2+m3*m3*m3
disp(m)
end
end
```

运行结果如下：

```
153   370   371   407
```

例 3-5　$y = y + \dfrac{1}{2n-1}$，输出当 $n = 1, 2, \cdots, 100$ 时 y 的值。

程序如下：

```
y=0;
n=100;
for i=1:n
  y=y+1/(2*i-1);
end
y
```

在实际 MATLAB 编程中，采用循环语句会降低其执行速度，所以前面的程序通常由下面的程序来代替：

```
n=100;
i=1:2:2*n-1;
y=sum(1./i);
y
```

for 语句更一般的格式为

```
for 循环变量=矩阵表达式
```

```
    循环体语句
end
```

执行过程是依次将矩阵的各列元素赋给循环变量，然后执行循环体语句，直至各列元素处理完毕。

例 3-6 写出下列程序的执行结果。

```
s=0;
a=[12,13,14;15,16,17;18,19,20;21,22,23];
for k=a
    s=s+k;
end
disp(s');
```

结果如下：

```
a =
    12    13    14
    15    16    17
    18    19    20
    21    22    23
disp(s')
    39    48    57    66
```

2. while 语句

while 语句的一般格式为

```
while （条件）
    循环体语句
end
```

其执行过程为：若条件成立，则执行循环体语句，执行后再判断条件是否成立，如果不成立，则跳出循环。

例 3-7 从键盘输入若干个数，当输入为 0 时结束输入，求这些数的平均值和它们之和。

程序如下：

```
sum=0;
cnt=0;
val=input('Enter a number (end in 0):');
while (val~=0)
    sum=sum+val;
    cnt=cnt+1;
    val=input('Enter a number (end in 0):');
end
if (cnt > 0)
    sum
```

```
    mean=sum/cnt
end
```

3. break 语句和 continue 语句

与循环结构相关的语句还有 break 语句和 continue 语句。它们一般与 if 语句配合使用。break 语句用于终止循环的执行。当在循环体内执行到该语句时，程序将跳出循环，继续执行循环语句的下一语句。

continue 语句控制跳过循环体中的某些语句。当在循环体内执行到该语句时，程序将跳过循环体中所有剩下的语句，继续下一次循环。

例 3-8　求[100，200]区间内第一个能被 21 整除的整数。

程序如下：

```
for n=100:200
if rem(n,21)~=0
    continue
end
break
end
```

结果如下：

```
n = 105
```

4. 循环的嵌套

如果一个循环结构的循环体又包括一个循环结构，就称为循环的嵌套，或称为多重循环结构。

例 3-9　若一个数等于它的各个真因子之和，则称该数为完数，如 6=1+2+3，所以 6 是完数。求[1,500]区间的全部完数。

```
for m=1:500
s=0;
for k=1:m/2
if rem(m,k)==0
s=s+k;
end
end
if m==s
    disp(m);
end
end
6          28          496
```

完数，又叫完全数（perfect number），或称完美数或完备数，是一些特殊的自然数。它所有的真因子（即除了自身以外的约数）的和（即因子函数），恰好等于它本身。如果一个数恰好等于它的因子之和，则称该数为"完全数"。

第一个完全数是 6，它有约数 1、2、3、6，除去它本身 6 外，其余 3 个数相加，1+2+3=6。

第二个完全数是 28，它有约数 1、2、4、7、14、28，除去它本身 28 外，其余 5 个数相加，1+2+4+7+14=28。第三个完全数是 496，有约数 1、2、4、8、16、31、62、124、248、496，除去其本身 496 外，其余 9 个数相加，1+2+4+8+16+31+62+124+248=496。

3.2.3　选择结构

1. if 语句

在 MATLAB 中，if 语句有 3 种格式。

1）单分支 if 语句

```
if  条件
      语句组
end
```

当条件成立时，则执行语句组，执行完之后继续执行 if 语句的后继语句，若条件不成立，则直接执行 if 语句的后继语句。

2）双分支 if 语句

```
if  条件
      语句组 1
else
      语句组 2
end
```

当条件成立时，执行语句组 1，否则执行语句组 2，语句组 1 或语句组 2 执行后，再执行 if 语句的后继语句。

例 3-10　计算分段函数的值。

程序如下：

```
x=input('请输入 x 的值:');
if x<=0
   y= (x+sqrt(pi))/exp(2);
else
   y=log(x+sqrt(1+x*x))/2;
end
y
```

结果如下：

```
请输入 x 的值:2
y =
    0.7218
```

exp 指以自然常数 e 为底的指数函数，它又是航模名词，全称 exponential（指数曲线）。

3）多分支 if 语句

```
if  条件 1
      语句组 1
```

```
elseif  条件 2
        语句组 2
    ...
elseif  条件 m
        语句组 m
else
        语句组 n
end
```

语句用于实现多分支选择结构。

例 3-11　输入一个字符，若为大写字母，则输出其对应的小写字母；若为小写字母，则输出其对应的大写字母；若为数字字符，则输出其对应的数值，若为其他字符，则原样输出。

```
c=input('请输入一个字符','s');
if c>='A' & c<='Z'
   disp(setstr(abs(c)+abs('a')-abs('A')));
elseif c>='a'& c<='z'
   disp(setstr(abs(c)- abs('a')+abs('A')));
elseif c>='0'& c<='9'
   disp(abs(c)-abs('0'));
else
   disp(c);
end
```

结果如下：

```
请输入一个字符 etant
ETANT
```

2. switch 语句

switch 语句根据表达式的取值不同，分别执行不同的语句，其语句格式为

```
switch  表达式
   case  表达式 1
         语句组 1
   case  表达式 2
         语句组 2
...
   case  表达式 m
         语句组 m
   otherwise
         语句组 n
end
```

当表达式的值等于表达式 1 的值时，执行语句组 1；当表达式的值等于表达式 2 的值时，执行语句组 2；……；当表达式的值等于表达式 m 的值时，执行语句组 m；当表

达式的值不等于 case 所列的表达式的值时，执行语句组 *n*。当任意一个分支的语句执行完后，直接执行 switch 语句的下一句。

例 3-12　某商场对顾客所购买的商品实行打折销售，标准如下（商品价格用 price 来表示）。

price<200	没有折扣
200≤price<500	3%折扣
500≤price<1000	5%折扣
1000≤price<2500	8%折扣
2500≤price<5000	10%折扣
5000≤price	14%折扣

输入所售商品的价格，求其实际销售价格。

程序如下：

```
price=input('请输入商品价格');
switch fix(price/100)
    case {0,1}                    %价格小于 200
        rate=0;
    case {2,3,4}                  %价格大于等于 200 但小于 500
        rate=3/100;
    case num2cell(5:9)            %价格大于等于 500 但小于 1000
        rate=5/100;
    case num2cell(10:24)         %价格大于等于 1000 但小于 2500
        rate=8/100;
    case num2cell(25:49)         %价格大于等于 2500 但小于 5000
        rate=10/100;
    otherwise                     %价格大于等于 5000
        rate=14/100;
end
price=price*(1-rate)             %输出商品实际销售价格
```

结果如下：

```
请输入商品价格 569824
price =
   4.9005e+005
```

3. try 语句

语句格式为

```
try
语句组 1
catch
语句组 2
end
```

try 语句先试探性执行语句组 1，如果语句组 1 在执行过程中出现错误，则将错误信息赋给保留的 lasterr 变量，并转去执行语句组 2。

例 3-13　矩阵乘法运算要求两矩阵的维数相容，否则会出错。先求两矩阵的乘积，若出错，则自动转去求两矩阵的点乘。

程序如下：

```
A=[1,2,3;4,5,6]; B=[7,8,9;10,11,12];
try
    C=A*B;
catch
    C=A.*B;
end
C
lasterr                %显示出错原因
```

3.3　函数文件与程序举例

3.3.1　函数文件的基本结构

函数 M 文件不是独立执行的文件，它接受输入参数、提供输出参数，只能被程序调用，一个函数 M 文件通常包括以下几部分：函数定义语句，H1 帮助行，帮助文本，函数体或者脚本文件语句，注释语句。

为了易于理解，可以在书写代码时添加注释语句。这些注释语句在编译程序时会被忽略，因此不影响编译速度和程序运行速度，但是能够增加程序的可读性。

一个完整的函数 M 文件的结构如下：

```
function f=fact(n)                      函数定义语句
%Compute a facrorial value              H1 行
%FACT(N)returns the factorial of N      帮助文本
%usually denoted by N
%Put simply,FACT(N) is PROD(1:N)        注释语句
F=prod(1:n);                            函数体
```

函数定义语句只在函数文件中存在，定义函数的名称、输入/输出参数的数量和顺序，脚本文件中没有该语句。

例 3-14　编写函数文件，求半径为 r 的圆的面积和周长。

函数文件如下：

```
function [s,p]=fcircle(r)
%CIRCLE  calculate the area and perimeter of a circle of radii r
%r          圆半径
```

```
%s          圆面积
%p          圆周长
%2016 年 9 月 24 日编
s=pi*r*r;
p=2*pi*r;
```

3.3.2　函数调用

函数调用的一般格式是

```
[输出实参表]=函数名(输入实参表)
```

要注意的是，函数调用时各实参出现的顺序、个数应与函数定义时形参的顺序、个数一致，否则会出错。

函数调用时，先将实参传递给相应的形参，从而实现参数传递，然后执行函数的功能。

例 3-15　利用函数文件，实现直角坐标 (x, y) 与极坐标 (ρ, θ) 之间的转换。

函数文件 tran.m：

```
function [rho,theta]=tran(x,y)
rho=sqrt(x*x+y*y);
theta=atan(y/x);
```

调用 tran.m 的命令文件 main1.m：

```
x=input('Please input x=:');
y=input('Please input y=:');
[rho,theta]=tran(x,y);
rho
theta
```

在 MATLAB 中，函数可以嵌套调用，即一个函数可以调用别的函数，甚至调用它自身。一个函数调用它自身称为函数的递归调用。

例 3-16　利用函数的递归调用，求 $n!$。

$n!$本身就是以递归的形式定义的。显然，求 $n!$需要求 $(n-1)!$，这时可采用递归调用。递归调用函数文件 factor.m 如下：

```
function f=factor(n)
if n<=1
   f=1;
else
   f=factor(n-1)*n;      %递归调用求(n-1)!
end
```

3.3.3　函数参数的可调性

在调用函数时，MATLAB 用两个永久变量 nargin 和 nargout 分别记录调用该函数时的输入实参和输出实参的个数。只要在函数文件中包含这两个变量，就可以准确地知道该函数文件被调用时的输入、输出参数个数，从而决定函数如何处理。

例 3-17　nargin 用法示例。

函数文件 examp.m：

```
function fout=charray(a,b,c)
if nargin==1
   fout=a;
elseif nargin==2
   fout=a+b;
elseif nargin==3
   fout=(a*b*c)/2;
end
```

命令文件 mydemo.m：

```
x=[1:3];
y=[1;2;3];
examp(x)
examp(x,y')
examp(x,y,3)
ans =
 1    2    3
ans =
 2    4    6
ans =
 21
```

3.3.4　全局变量与局部变量

函数文件所定义的变量是局部变量，这些变量只能在该函数的控制范围内引用，而不能在其他函数中引用。而全局变量则不一样，全局变量可以在整个 MATLAB 工作空间进行存取和修改。

全局变量用 global 命令定义，格式为

```
global 变量名
```

例 3-18　全局变量应用示例。

先建立函数文件 wadd.m，该函数将输入的参数加权相加。

```
function f=wadd(x,y)
global ALPHA BETA
f=ALPHA*x+BETA*y;
```

在命令窗口中输入：

```
global ALPHA BETA
ALPHA=1;
BETA=2;
s=wadd(1,2)
s =
    5
```

3.3.5　程序举例

例 3-19　猜数游戏。

首先由计算机产生[1,100]的随机整数，然后由用户猜测所产生的随机数。根据用户猜测的情况给出不同提示，若猜测的数大于产生的数，则显示"High"；若猜测的数小于产生的数，则显示"Low"；若猜测的数等于产生的数，则显示"You won"，同时退出游戏。用户最多可以猜 7 次。

例 3-20　用筛选法求某自然数范围内的全部素数。

素数是大于 1，且除了 1 和它本身以外，不能被其他任何整数所整除的整数。用筛选法求素数的基本思想是：要找出 2～m 的全部素数，首先在 2～m 中划去 2 的倍数（不包括 2），然后划去 3 的倍数（不包括 3），由于 4 已被划去，再找 5 的倍数（不包括 5）……直到再划去不包括的数的倍数，剩下的数都是素数。

例 3-21　求函数 $f(x)$ 在[a,b]上的定积分，设 $s = \int_{b}^{a} f(x)\,\mathrm{d}x$，其几何意义就是求曲线 $y=f(x)$ 与直线 $x=a$，$x=b$，$y=0$ 所围成的曲边梯形的面积。

为了求得曲边梯形面积，先将积分区间[a,b]分成 n 等份，每个区间的宽度为 $h=(b-a)/n$，对应地将曲边梯形分成 n 等份，每个小部分是一个小曲边梯形。近似求出每个小曲边梯形面积，然后将 n 个小曲边梯形的面积加起来，就得到总面积，即定积分的近似值。近似地求每个小曲边梯形的面积，常用的方法有矩形法、梯形法以及辛普森法等。

例 3-22　斐波那契(Fibonacci)数列定义如下：当 $n=1$ 或 2 时，$f(n) = 1$；当 $n>2$ 时，$f(n)=f(n-1)+f(n-2)$，用程序实现该数列的第 20 项，即 $n=20$ 时 $f(n)$ 的值。

3.4　程 序 调 试

3.4.1　程序调试概述

一般来说，应用程序的错误有两类：一类是语法错误，另一类是运行时的错误。语法错误包括词法或文法的错误，如函数名的拼写错误、表达式书写错误等。

程序运行时的错误是指程序的运行结果有错误，这类错误也称为程序逻辑错误。

3.4.2　调试器

1. Debug 菜单项

该菜单项用于程序调试，需要与 Breakpoints 菜单项配合使用。

2. Breakpoints 菜单项

该菜单项共有 6 个菜单命令，前 2 个用于在程序中设置和清除断点，后 4 个设置停止条件，用于临时停止 M 文件的执行，并给用户一个检查局部变量的机会，相当于在 M 文件指定的行号前加入了一个 keyboard 命令。

3.4.3　调试命令

除了采用调试器调试程序外，MATLAB 还提供了一些命令用于程序调试。命令的功能和调试器菜单命令类似，具体使用方法请读者查询 MATLAB 帮助文档。

3.5　本 章 小 结

本章讲述了程序的三种基本结构：顺序结构、循环结构、选择结构，以及 M 文件的建立和调用方法。M 文件的两种基本类型，命令文件和函数文件。

 **导入案例**

一个数字游戏的设计

存在这样一个数字游戏：在一个 20×10 的矩阵中，0～99 这 100 个数顺序排列在奇数列中（每 20 个数组成一列），另有 100 个图案排列在偶数列中，这样每个数字右边就对应一个图案。任意想一个两位数 a，让 a 减去它的个位数字与十位数字之和得到一个数 b，然后，在上述矩阵的奇数列中找到 b，将 b 右边的图案记在心里，最后单击指定的按钮，心里的那个图案将被显示。

下面就来编写程序模拟一下这个小游戏，以 [0,1] 的小数代替矩阵中的图案，由 MATLAB 程序实现如下。

```
%  "测心术"游戏
format short
a=1;t=0;
while a
a1=rand(100,1);
```

```
k=3;s=[];
while k<=10
a1(9*k+1)=a1(19);
k=k+1;
end
a2=reshape(a1,20,5);
a3=reshape(99:-1:0,20,5);
for i=1:5
s=[s,a3(:,i),a2(:,i)]; %生成矩阵
end
if ~t
disp(' //任意想一个两位数 a,然后将这个两位数减去它的个位数字与十位数字之和,');
disp(' //得到数字 b,再在下面矩阵的奇数列中找到 b,最后记住其右边对应的小数 c');
pause(10); t=t+1;
end
disp(' '); disp(s);
pause(5); disp(' ');
d=input(' //确定你已经完成计算并记下了那个小数,按 Enter 键呈现此数字\n');
disp(s(19,2)); pause(3); disp(' ');
a=input(' // 'Enter'退出; =>'1'再试一次\n');
end
```

使用说明:上述运行程序生成一个 20×10 的矩阵 s,任意想一个两位数 a,按照上面所说的步骤操作,然后在 s 的奇数列中找到 b,将 b 右边的小数记在心里,再调用,然后选中两位数 a,再按 Enter 键,则可以显示所记下的那个小数(运行演示略)。

原理说明:设任意一个两位数 $a=10+$,则 $a-(+)9=b$,所以 b 一定是 9 的倍数,且只可能在 9 到 81 之间,明白了这一点,上面程序中的各种设置就一目了然了。

 **知识拓展**

编程小技巧

(1)%后面的内容是程序的注解,要善于运用注解使程序更具有可读性。

(2)养成在主程序开头用 clear 命令清除变量的习惯,以消除工作空间中其他变量对程序运行的影响。但注意在子程序中不要用 clear。

(3)参数值要集中放在程序的开始部分,以便维护。要充分利用 MATLAB 工具箱提供的指令来执行所要进行的运算,在语句执行之后输入分号使其及中间结果不在屏幕显示以提高执行速度。

(4)程序尽量模块化,也就是采用主程序调用子程序的方法,将所有子程序合并在一起来执行全部的操作。

(5)充分利用 Debugger 来进行程序的调试(设置断点、单步执行、连续执行)。

(6)设置好 MATLAB 的工作路径，以便程序运行。

习　题　3

1．从键盘输入一个 4 位整数，按如下规则加密后输出，加密规则：每位数字都加上 7 然后用和除以 10 的余数取代该数字；再把第一位与第三位交换，第二位与第四位交换。

2．分别用 if 语句和 switch 语句实现以下计算，其中 a、b、c 的值从键盘输入。

$$y = \begin{cases} ax^2 + bx + c, & 0.5 \leqslant x < 1.5 \\ a\sin^2 cb + x, & 1.5 \leqslant x < 3.5 \\ \ln\left|b + \dfrac{c}{x}\right|, & 3.5 \leqslant x < 5.5 \end{cases}$$

3．输入 20 个数，求其中的最大数和最小数。要求分别用循环结构和调用 MATLAB 的 max 函数、min 函数实现。

4．已知 $s = 1 + 2 + 2^2 + 2^3 + \cdots + 2^{63}$，分别用循环结构和调用 MATLAB 的 sum 函数求 s 的值。

5．编写一个函数文件，用于求 2 个矩阵的乘积和点乘，然后在命令文件中调用该函数。

6．编写一个函数文件，求小于任意自然数 n 的 Fibonacci 数列各项。Fibonacci 数列定义如下。

$$\begin{cases} f_1 = 1 \\ f_2 = 1 \\ f_n = f_{n+1} + f_{n+2}, & n > 2 \end{cases}$$

7．试定义一个字符串 string，使其至少有内容(content)和长度(length)两个数据成员，并具有显示字符串、求字符串长度、在原字符串后添加一个字符串等功能。

8．编写程序，该程序能读取一个文本文件，并能将文本文件中的小写字母转换为相应的大写字母而生成一个新的文本文件。

9．写出下列程序的输出结果。

(1)

```
s=0;
a=[12,13,14;15,16,17;18,19,20;21,22,23];
for k=a
    for j=1:4
        if rem(k(j),2)~=0
```

```
                s=s+k(j);
          end
      end
  end
  s
```

(2)

```
N=input('N=');
c=(1:2*N-1)='*';
for i=1:N
    c1(1:16)='';
k=N+1-i;
    c1(k:k+2*i-2)=c(1:2*i-1);
    disp(c1);
end
```

当 N 的值取为 5 时，写出输出结果。

(3) 命令文件 ex82.m：

```
global x
    x=1:2:5;y=2:2:6;
    exsub(y);
    x
    y
```

函数文件 exsub.m：

```
    function fun=sub(z)
global x
    z=3*x;x=x+z;
```

(4) 函数文件 mult.m：

```
function a=mult(var)
a=var{1};
for i=2:length(var)
    a=a*var{i};
end
```

命令文件 pp.m：

```
p=[17,-6;35,-12];
p=mult({p;p;p;p;p})
```

实验 3　选择结构的程序设计

1. 实验目的

(1) 记忆变量定义、MATLAB 桌面操作环境、数值计算、关系运算和逻辑运算。
(2) 理解矩阵建立、关系运算和逻辑运算意义。
(3) 简单应用矩阵建立、关系运算和逻辑运算。
(4) 综合应用矩阵运算、关系运算和逻辑运算。

2. 实验内容

建立一个字符串向量，然后对该向量做如下处理。
(1) 取第 1～5 个字符组成的子字符串。
(2) 将字符串倒过来重新排列。
(3) 将字符串中的小写字母变成相应的大写字母，其余字符不变。
(4) 统计字符串中小写字母的个数。
命令如下：

```
ch='ABc123d4e56Fg9';
subch=ch(1:5)                       %取子字符串
revch=ch(end:-1:1)                  %将字符串倒排
k=find(ch>='a'&ch<='z');            %找小写字母的位置
ch(k)=ch(k)-('a'-'A');              %将小写字母变成相应的大写字母
char(ch)
length(k)                           %统计小写字母的个数
```

求一元二次方程 $ax^2+bx+c=0$ 的根。
程序如下：

```
a=input('a=?');
b=input('b=?');
c=input('c=?');
d=b*b-4*a*c;
x=[(-b+sqrt(d))/(2*a),(-b-sqrt(d))/(2*a)];
disp(['x1=',num2str(x(1)),',x2=',num2str(x(2))]);
A=[-29,6,18;20,5,12;-8,8,5];
[V,D]=eig(A,'nobalance')
E=eig(A)
[V,D]=eig(A)
```

将以上程序建立 M 文件或在命令窗口输入得到如图 3-1 的运行情况。

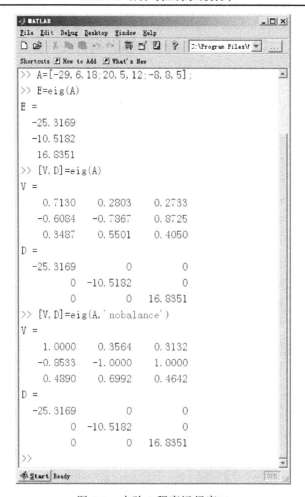

图 3-1　实验 3 程序运行窗口

第4章 M文件与根轨迹分析方法

在 MATLAB 中,当需要命令较多时,或需要改变变量的值进行重复验证时,可以将 MATLAB 命令逐条输入到一个文本中运行,以 ".m" 作为文件的扩展名,即为 M 文件。M 函数格式是 MATLAB 程序设计的主流,而 MATLAB 提供了对数据文件建立、打开、读、写以及关闭等一系列函数。M 文件可以分为两种类型:一种是函数文件,另一种是命令文件。

由于求解高次方程的根异常困难,1948 年,W. R. Evans 提出了直接根据开环传递函数判别闭环特征根的根轨迹法则。这在当时的自动控制理论界,是件了不起的大事。随着时代不断进步,科学技术飞速发展,特别是计算技术与计算机硬、软件技术的日新月异,还有 MATLAB 系统的开发与应用,现在求解高阶系统特征方程已经迎刃而解,求解高阶系统的各种响应,以及直接绘制出各种系统的根轨迹已经是很简单、很方便的事。通过本章的学习,读者熟悉并学会使用控制系统根轨迹分析的函数命令,进而对系统进行根轨迹分析。本章使用的最重要的 MATLAB 函数命令有 pzmap、rlocus、rlocfin。

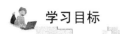 学习目标

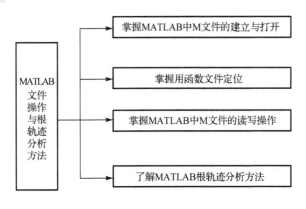

4.1 文件的操作

4.1.1 文件的打开

在读写文件之前,必须先用 fopen 命令打开一个文件,并指定允许对文件进行的操作。文件结束时,应及时关闭文件,以免数据丢失或误修改。

fopen 函数的调用格式为

```
fid=fopen(文件名,打开方式)
```

其中，文件名用字符串形式，表示待打开的数据文件。常见的打开方式有："r"表示对打开的文件读数据，"w"表示对打开的文件写数据，"a"表示在打开的文件末尾添加数据。

　　fid 用于存储文件句柄值，句柄值用来标识该数据文件，其他函数可以利用它对该数据文件进行操作。

　　文件数据格式有两种：一是二进制文件；二是文本文件。在打开文件时需要进一步指定文件格式类型，即指定是二进制文件还是文本文件。

4.1.2　文件的关闭

　　文件在进行完读、写等操作后，应及时关闭以保证文件的安全可靠。关闭文件用 fclose 函数，调用格式为

```
sta=fclose(fid)
```

该函数表示关闭 fid 所表示的文件。sta 表示关闭文件操作的返回代码，若关闭成功，返回 0，否则返回−1。

4.1.3　文件的读写操作

1. 读二进制文件

　　fread 函数可以读取二进制文件的数据，并将数据存入矩阵中。其调用格式为

```
[A,COUNT] =fread(fid,size,precision)
```

其中，A 用于存放读取的数据；COUNT 返回所读取的数据元素个数；fid 为文件句柄；size 为可选项，若不选用，则读取整个文件内容，若选用，则它的值可以是下列值。

　　N：表示读取 N 个元素到一个列向量。

　　Inf：表示读取整个文件。

　　$[M,N]$：表示读数据到 $M \times N$ 的矩阵中，数据按列存放。

　　precision 代表读写数据的类型。

　　例如：

```
FID=fopen('std.dat','r')
A=fread(Fid,100,'long')
Sta=(fclose(fid)
```

　　以读数据的方式打开数据文件 std.dat，并按长整型数据格式读取文件的前 100 个数据放入向量 A 中，然后关闭。

2. 写二进制文件

　　fwrite 函数按照指定的数据类型将矩阵中的元素写入文件中。其调用格式为

```
[COUNT=fwrite(fid,A,precision)
```

其中，COUNT 返回所写的数据元素个数；fid 为文件句柄；A 用来存放写入文件的数据；precision 用于控制所写数据的类型，其形式与 fread 函数相同。

例 4-1　建立一个数据文件 magic5.dat，用于存放 5 阶魔方阵。

```
fid=fopen('magic5.dat','w');
cnt=fwrite(fid,magic(5),'int32');
fclose(fid);
```

4.1.4　文本文件的读写操作

1. 读文本文件

fscanf 函数的调用格式为

```
[A,COUNT]=fscanf(fid,format,size)
```

其中，A 用以存放读取的数据；COUNT 返回所读取的数据元素个数；fid 为文件句柄；format 用以控制读取的数据格式，由%加上格式符组成，常见的格式符有 d(整型)、c(字符型)、s(字符串型)；size 为可选项，决定矩阵 A 中数据的排列形式。

2. 写文本文件

fprintf 函数可以将数据按指定格式写入文本文件中。其调用格式为

```
COUNT=fprintf(fid,format,A)
```

其中，A 存放要写入文件的数据。先按 format 指定的格式将数据矩阵 A 格式化，然后写入 fid 所指定的文件，格式符与 fscanf 函数相同。

4.1.5　数据文件定位

MATLAB 提供了与文件定位操作有关的函数 fseek 和 ftell。fseek 函数用于定位文件位置指针，其调用格式为

```
status=fseek(fid,offset,origin)
```

其中，fid 为文件句柄；offset 表示位置指针相对移动的字节数，若为正整数表示向文件尾方向移动，若为负整数表示向文件头方向移动；origin 表示指针移动的参照位置，它的取值有三种可能："cof"表示文件的当前位置，"bof"表示文件的开始位置，"eof"表示文件的结束位置。若定位成功，status 返回值为 0，否则返回值为–1。

ftell 函数返回文件指针的当前位置，其调用格式为

```
position=ftell(fid)
```

返回值为从文件开始到指针当前位置的字节数。若返回值为–1，表示获取文件当前位置失败。

4.2　根轨迹分析方法

4.2.1　根轨迹定义

在控制系统分析中，为了避开直接求解高阶多项式的根时遇到的困难，在实践中提出了一种图解求根法，即根轨迹法。所谓根轨迹是指当系统的某一个（或几个）参数从 $-\infty$ 到 $+\infty$ 时，闭环特征方程的根在复平面上描绘的一些曲线。应用这些曲线，可以根据某个参数确定相应的特征根。在根轨迹法中，一般取系统的开环放大倍数 K 作为可变参数，利用它来反映开环系统零极点与闭环系统极点（特征根）之间的关系。

根轨迹可以分析系统参数和结构已定的系统的时域响应特性，以及参数变化对时域响应特性的影响，而且可以根据对时域响应特性的要求确定可变参数及调整开环系统零极点的位置，并改变它们的个数，也就是说根轨迹法可用于解决线性系统的分析与综合问题。MATLAB 提供了专门绘制根轨迹的函数命令，见表 4-1，使绘制根轨迹变得轻松自如。

表 4-1　系统根轨迹绘制及零点分析函数

函数名	功能	格式
pzmap	绘制系统的零极点图	pzmap (sys)
tzero	求系统的传输零点	z＝tzero (sys)
rlocfind	计算给定根轨迹增益	[K,poles]＝rlocfind (sys)
rlocus	求系统根轨迹	[K,poles]＝rlocus (sys)
damp	求系统极点的固有频率和阻尼系统	[Wn,Z]＝damp (sys)
pole	求系统的极点	p＝pole (sys)
dcgain	求系统的直流（稳态）增益	k＝dcgain (sys)
dsort	离散系统极点按幅值降序排列	s＝dsort (p)
esort	连续系统极点按实部降序排列	s＝esort (p)

4.2.2　根轨迹方程

系统闭环特征方程的根满足

$$1 + G(s)H(s) = 0 \tag{4-1}$$

即

$$K^* \frac{\prod_{j=1}^{m} s - z_j}{\prod_{i=1}^{n} s - p_i} = -1 \tag{4-2}$$

式 (4-2) 称为系统的根轨迹方程。式中，K^* 为系统根轨迹增益，与开环增益 K 成正比；z_j 为开环传递函数的零点；p_i 为开环传递函数的极点。

4.2.3　绘制根轨迹的规则

绘制根轨迹有多条规则：n 阶系统有 n 条根轨迹；根轨迹对称于实轴；根轨迹起始于开环极点，终止于开环零点与无穷远(其中 m 条终止于开环零点，$m-n$ 条终止于无穷远)；实轴上根轨迹所在区段的右侧，开环零、极点数目之和为奇数；根轨迹渐近线方位可以计算确定；根轨迹的起始角与终止角可以计算确定；根轨迹的分离角与会合角可以计算确定；根轨迹与虚轴的交点可以计算确定；系统 n 个开环极点之和等于系统 n 个闭环极点之和；……

在控制系统的分析和综合中，往往只需要知道根轨迹的粗略形状。由 Evans 提出的已知相角条件和幅值条件所导出的 8 条规则，为粗略绘制根轨迹图提供了方便的途径。

(1)根轨迹的分支数等于开环传递函数极点的个数。

(2)根轨迹的始点(相应于 $K=0$)为开环传递函数的极点，根轨迹的终点(相应于 $K=\infty$)为开环传递函数的有穷零点或无穷远零点。

(3)根轨迹形状对称于坐标系的横轴(实轴)。

(4)实轴上的根轨迹按下述方法确定：将开环传递函数位于实轴上的极点和零点由右至左顺序编号，在奇数点至偶数点间的线段为根轨迹。

(5)实轴上两个开环极点或两个开环零点间的根轨迹段上，至少存在一个分离点或会合点，根轨迹将在这些点产生分岔。

(6)在无穷远处根轨迹的走向可通过画出其渐近线来决定。渐近线的条数等于开环传递函数的极点数与零点数之差。

(7)根轨迹沿始点的走向由出射角决定，根轨迹到达终点的走向由入射角决定。

(8)根轨迹与虚轴(纵轴)的交点对分析系统的稳定性很重要，其位置和相应的 K 值可利用代数稳定判据来决定。

4.2.4　利用 MATLAB 绘制根轨迹图举例

闭环极点中距离虚轴最近，附近又无零点的实数极点或共轭复数极点，对系统动态性能的影响最大，起主要的决定性作用，称它们为主导极点。

按 Evans 提出的绘制根轨迹的规则，理论上可绘制出系统的根轨迹图。人工绘制根轨迹图非常麻烦与烦琐，费时费力，劳动强度大，又不易画准确，绘图过程中甚至还要求解高次方程。在 MATLAB 中，系统专门提供了函数：rlocus 用来求系统根轨迹；rlocfind 用来计算给定根的根轨迹增益；pzmap 用来绘制系统的零极点图等。这些函数都能够方便、简单而快捷地绘制根轨迹或者进行有关根轨迹的计算。

应用 MATLAB 提供的绘制根轨迹的函数与其他函数命令，编制成 MATLAB 程序，在这种 MATLAB 的指令方式下进行仿真是最常用的实现方法。

1. 绘制系统开环零极点图的函数 pzmap

函数命令调用格式：

```
[p,z] = pzmap (sys)
pzmap (p,z)
```

输入变量 sys 是 LTI 对象。当不带输出变量引用时，pzmap 函数可在当前图形窗口中绘出系统的零极点图。在图中，极点用 "×" 表示，零点用 "○" 表示。当带有输出变量的引用函数时，可返回系统零极点位置的数。

例 4-2   设一高阶系统的开环传递函数为

$$G(s) = \frac{0.0001s^3 + 0.0218s^2 + 1.0436s + 9.3599}{0.0006s^3 + 0.0268s^2 + 0.06365s + 6.2711}$$

绘制该系统的开环零极点图。

程序执行后绘制零极点图如图 4-1 所示，计算出系统三个极点与三个零点的数据：

```
p = -13.3371 +20.0754i
-13.3371 -20.0754i
-17.9925
z = -154.2949
-52.0506
-11.6545
```

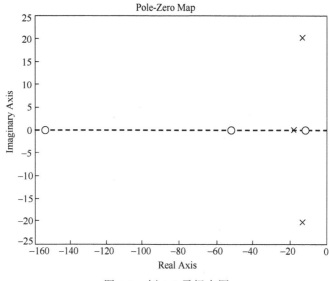

图 4-1 例 4-2 零极点图

2. 根轨迹法

根轨迹法是一种求解闭环特征方程根的简便图解法，它是根据系统的开环传递函数极点、零点的分布和一些简单的规则，研究开环系统某一参数从零到无穷大时闭环系统极点在 s 平面的轨迹。控制工具箱中提供了 rlocus 函数来绘制系统的根轨迹，利用 rlocfind 函数，在图形窗口显示十字光标，可以求得特殊点对应的 k 值。

函数命令调用格式：

```
rlocus (sys)
rlocus (sys, k )
[r,k] = rlocus (sys)
```

rlocus(sys)函数命令用来绘制 SISO 的 LTI 对象的根轨迹图。给定前向通道传递函数 $G(s)$，反馈增益为 k 的受控对象(反馈增益向量为 k 取值为 $0 \sim \infty$)，其闭环传递函数为

$$\Phi(s) = \frac{G(s)}{1 + kG(s)}$$

当不带输出变量引用时，函数可在当前图形窗口中绘出系统的根轨迹图。函数既可适用于连续时间系统，也适用于离散时间系统。

rlocus (sys,k)可以用指定的反馈增益向量 k 来绘制系统的根轨迹图。

[r,k] = rlocus (sys)这种带有输出变量的引用函数，返回系统根位置的复数矩阵 r 及其相应的增益向量 k，而不直接绘制出零极点图。

例 4-3　已知一控制系统，$H(s) = 1$，其开环函数为 $G(s) = \dfrac{K}{s(s+1)(s+2)}$，试绘制系统的轨迹图。

程序如下:

```
G=tf(1,[1 3 2 0]);
rlocus(G);
[k,p]=rlocfind(G)
```

根轨迹图如图 4-2 所示。

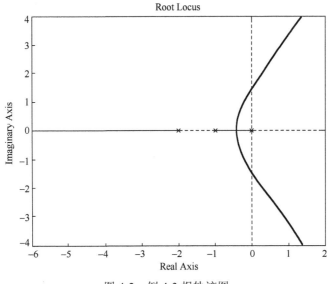

图 4-2　例 4-3 根轨迹图

光标选定虚轴临界点，程序结果为

```
selected_point =
        0 - 0.0124i
```

```
k =
    0.0248
p =
   -2.0122
   -0.9751
   -0.0127
```

光标选定分离点，程序结果为

```
selected_point =
  -1.9905 - 0.0124i
k =
    0.0308
p =
   -2.0151
   -0.9692
   -0.0158
```

上述数据显示了增益及对应的闭环极点位置，由此可得出如下结论。

(1)当 0<k<0.4 时，闭环系统具有不同的实数极点，表明系统处于过阻尼状态。

(2)当 k=0.4 时，对应为分离点，系统处于临界阻尼状态。

(3)当 0.4<k<6 时，系统主导极点为共轭复数极，系统为欠阻尼状态。

(4)当 k=6 时，系统有一对虚根，系统处于临界稳定状态。

(5)当 k<6 时，系统的一对复根的实部为正，系统处于不稳定状态。

例 4-4 试绘制出该系统闭环的根轨迹图。

$$G(s) = \frac{0.0001s^3 + 0.0218s^2 + 1.0436s + 9.3599}{0.0006s^3 + 0.0268s^2 + 0.06365s + 6.2711}$$

程序如下：

```
n1=[0.0001 0.0218 1.0436 9.3599];
d1=[0.0006 0.0268 0.6365 6.2711];
sys=tf(n1,d1);
rlocus(sys)
```

运行结果如图 4-3 所示。

3. 计算给定一组根的系统根轨迹增益函数 rlocfind

函数命令调用格式：

```
[k,poles] = rlocfind (sys)
[k,poles] = rlocfind (sys, p)
[k,poles] = rlocfind (sys)
```

函数输入变量 sys 可以是由函数 tf、zpk、ss 中任何一个建立的 LTI 对象模型。函数命令执行后，可在根轨迹图形窗口中显示十字形光标，当用户选择根轨迹上某一点时，

其相应的增益由 k 记录，与增益相对应的所有极点记录在 poles 中。函数既适用于连续时间系统，也适用于离散时间系统。

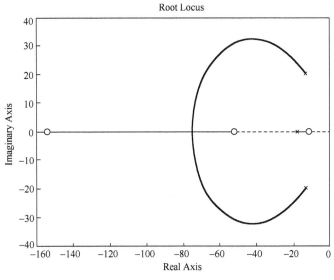

图 4-3　例 4-4 根轨迹图

[k,poles] = rlocfind（sys, p）函数可对给定根 p 计算对应的增益 k 与极点 poles。

例 4-5　已知一单位负反馈系统开环传递函数为

$$G(s) = \frac{k}{s(0.5s + 1)(4s + 1)}$$

试绘制该系统闭环的根轨迹图，并在根轨迹图上任选一点，试计算该点的增益 k 及其所有极点的位置。

程序如下：

```
n1=1;d1=conv([1 0],conv([0.5 1],[4 1]));
s1=tf(n1,d1);
rlocus(s1)
[k,poles]=rlocfind(s1)
```

运行结果如图 4-4 所示。

极点位置随鼠标而移动。将交点指在复平面纵坐标与根轨迹交点附近的某点时，其相应的增益由变量 k 记录，与增益相关的所有极点记录在变量 poles 中。其数据是

```
k = 2.4587
poles = -2.2685
0.0092394 + 0.73609i
0.0092394 - 0.73609i
```

由程序运行计算的数据可以得知，在复平面纵坐标与根轨迹交点附近的某点(已偏到复平面的右半平面)，其相应的增益为 k=2.4587；与交点相应的两个极点分别为 p_1= 0.0092394+0.73609i 和 p_2= 0.0092394−0.73609i。

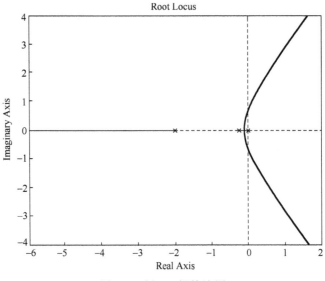

图 4-4　例 4-5 根轨迹图

 导入案例

文 件 操 作

　　创建两个 mat 文件，在 Ex0808_1.mat 文件中写入数据 1～10，并进行求和，在 Ex0808_2.mat 文件中写入 1、2、3 三个数据，将第二个数据与前面所求的和进行相乘运算。程序保存在 Ex0808.m 文件中。

　　程序代码如下：

```
% Ex0808   文件读取和定位
x=1:10;
s=0;
fid1=fopen('Ex0808_1.mat','w+')      %打开文件读写数据
fwrite(fid1,x);                      %写入数据
frewind(fid1);                       %指针移到文件开头
while feof(fid1)==0                   %判断是否到文件末尾
  a1=fread(fid1,1)                   %读取数据
  if isempty(a1)==0                  %判断是否为空值
      s=a1+s                        %求和
    end
end
fclose(fid1);
y=[1 2 3];
fid2=fopen('Ex0808_2.mat','w+')      %打开文件读写数据
fwrite(fid2,y)                       %写入数据
fseek(fid2,-2,'eof')                 %指针移动到第二个数据
```

```
a2=fread(fid2,1)                    %读取数据
s=s*a2
fclose(fid2);
```

运行结果得出：

```
s =
   110
```

程序说明：

（1）使用文件位置控制就可以不用反复打开和关闭文件，而直接从文件中读写数据。

（2）使用 while 循环结构，从文件中读取数据，直到文件末尾。

（3）当文件位置指针移动到文件最后时，取出的数据为空值，但 feof 函数返回 0，因此用 isempty 函数判断是否为空值来判断是否到文件最后，文件指针再向下移则到文件末尾，feof 函数返回 1。

（4）"fseek(fid2,-2,'eof')"语句是将文件位置指针移到倒数第 2 个数据上。

根轨迹设计法

基于根轨迹的系统设计通常有增益设计法和补偿设计法。

1. 增益设计法

增益设计法是根据系统的性能指针，确定希望死循环的极点位置，然后求出对应的开环增益 K。该设计法利用 MATLAB 控制工具箱函数很容易实现。对于二阶系统，根据性能指针选择期望极点位置有成熟的理论依据。对于高阶系统，期望极点必须是系统的一对共轭的主导极点，若系统不存在这样的主导极点，增益设计法不能被简单地应用。

根轨迹设计法程序举例：已知单位回馈系统的开环传递函数为 $G(s)=\dfrac{K}{s(s+3)(s^2+2s+2)}$，求阻尼比 $\zeta=0.5$ 时系统的极点和对应的开环增益 K 值。

MATLAB 程序如下：

```
sys=zpk([],[0 -3 -1+i -1-i],1);
rlocus(sys);
sgrid;
[gain,poles]=rlocfind(sys)
```

运行结果：

```
Select a point in the graphics window
selected_point =-0.8341 + 0.4444i
gain =1.7616
poles =-2.8623
    -0.7146 + 0.5983i
    -0.7146 - 0.5983i
    -0.7086
```

2. 补偿设计法

实际上，许多系统单用改变系统增益的办法是不能获得理想的性能指针的，必须在原系统中增加校正环节使死循环根轨迹满足性能指针的要求，这就是补偿设计法。众所周知，校正环节通常有串联校正和并联校正两种。串联校正装置又分为超前校正装置、滞后校正装置和滞后-超前校正装置。并联校正装置常用回馈校正。

最简单的串联校正装置的传递函数为 $G_c(s) = K_c \dfrac{s+a}{s+b}$，其中 a、b 均大于 0。若 $a < b$，$G_c(s)$ 为超前校正装置；若 $a > b$，$G_c(s)$ 为滞后校正装置；将两装置串联起来就得到滞后-超前校正装置。

补偿设计法就是根据系统的性能指针确定校正装置参数，即 K_c、a、b。根轨迹补偿设计方法是通过补偿装置的零点和极点的引入改变系统根轨迹的形状，使根轨迹通过 s 平面所期望的点。

3. 用根轨迹法设计校正装置的步骤

(1) 根据系统性能指针，确定期望死循环主导极点 S_d 的位置。

(2) 确定校正装置零极点的位置，写出校正装置传递函数，通用格式为

$$G_c(s) = K_c \frac{s + Z_c}{s + P_c}$$

Z_c 和 P_c 的确定方法应根据所选用的校正装置类型采用相应的方法。

(3) 绘制根轨迹图，确定 K_c 的值。

(4) 验算主导极点位置和校正后的系统性能。

 知识拓展

MATLAB 播放电影

在 MATLAB 中可以将一系列的图像保存为电影，这样使用电影播放函数就可以进行回放，保存方法同保存其他 MATLAB 工作空间变量一样，通过采用 MAT 文件格式保存。但是若要浏览该电影，必须在 MATLAB 环境下。在以某种格式存写一系列的 MATLAB 图像时，不需要在 MATLAB 环境下进行预览，通常采用的格式为 AVI 格式。AVI 是一种文件格式，在 PC 上的 Windows 系统或 UNIX 操作系统下可以进行动画或视频的播放。

若要以 AVI 格式来存写 MATLAB 图像，步骤如下。

(1) 用 avifile 函数建立一个 AVI 文件。

(2) 用 addframe 函数来捕捉图像并保存到 AVI 文件中。

(3) 使用 close 函数关闭 AVI 文件。

注意：若要将一个已经存在的 MATLAB 电影文件转换为 AVI 文件，需使用函数 movie2avi。函数原型为

```
movie2avi(mov,filename)
movie2avi(mov,filename,param,value,param,value...)
```

习 题 4

1．编写一个函数文件，用于求两个矩阵的乘积和点乘，然后在命令文件中调用该函数。

2．编写一个函数文件，求小于任意自然数 n 的 Fibonacci 数列各项。Fibonacci 数列定义如下。

$$\begin{cases} f_1 = 1, & n = 1 \\ f_2 = 1, & n = 2 \\ f_n = f_{n+1} + f_{n+2}, & n > 2 \end{cases}$$

3．产生 20 个两位随机整数，输出其中小于平均值的偶数。

4．硅谷公司员工的工资计算方法如下，求不同工作时数下对应的工资。

(1)工作时数超过 120 小时者，超过部分加发 15%。

(2)工作时数低于 60 小时者，扣发 700 元。

(3)其余按每小时 84 元计发。

实验 4   M 文件操作

1．实验目的

(1)掌握定义和调用 MATLAB 函数的方法。

(2)掌握 MATLAB 文件的基本操作。

2．实验要求

(1)进一步熟悉和掌握 MATLAB 编程及调试。

(2)进一步熟悉 M 文件调试过程。

(3)掌握函数的定义和调用。

3．实验内容

(1)定义一个函数文件，求给定复数的指数、对数、正弦和余弦，并在命令文件中调用该函数文件。

程序如下：

```
clear all
a=input('请输入一个复数:');
[e,l,s,c]=fushu(a);
```

程序中的 fushu 是调用函数。

(2)一个物理系统可以用下列方程组来表示。

$$\begin{bmatrix} m_1\cos\theta & -m_1 & -\sin\theta & 0 \\ m_1\sin\theta & 0 & \cos\theta & 0 \\ 0 & m_2 & -\sin\theta & 0 \\ 0 & 0 & -\cos\theta & 1 \end{bmatrix}\begin{bmatrix} a_1 \\ a_2 \\ N_1 \\ N_2 \end{bmatrix} = \begin{bmatrix} 0 \\ m_1 g \\ 0 \\ m_2 g \end{bmatrix}$$

从键盘输入 m_1、m_2 和 θ 的值，求 a_1、a_2、N_1、N_2 的值。其中，g 取 9.8，输入 θ 时以角度为单位。

要求：定义一个求线性方程组 $AX = B$ 根的函数文件，然后在命令文件中调用该函数文件。

程序如下：

```
clear all
m1=input('请输入 m1 的值：');
m2=input('请输入 m2 的值：');
m3=input('请输入 θ 的值：');
J=jiefangcheng(m1,m2,m3);
```

程序中的 jiefangcheng 是调用函数。

(3) 一个自然数是素数，且它的各个位数的位置经过任意对换后仍为素数，则称为绝对素数，试求所有两位数的绝对素数。

要求：定义一个判断素数的函数文件。

程序如下：

```
clear all
for n=10:99
a=sushu(n);
end
```

程序中的 sushu 是调用函数。

(4) 统计一个文本文件中每个英文字母出现的次数，不区分字母的大小写。

程序如下：

```
clear all
y=input('请输入一个数或矩阵：');
disp('输入的数或矩阵 x 是：')
disp(y)
L=fx(y);
```

各个调用函数编写如下：

```
fushu.m
function [e,l,s,c]=fushu(x)
e=exp(x);
l=log(x);
s=sin(x);
c=cos(x);
disp(['复数 e 的指数是：',num2str(e)])
```

```
disp(['复数 e 的对数是：',num2str(l)])
disp(['复数 e 的正弦是：',num2str(s)])
disp(['复数 e 的余弦是：',num2str(c)])

fx.m
function L=fx(y)
[m,n]=size(y); %得到矩阵 y 的行数和列数
K=[];
for a=1:n
for b=1:m
x=sub2ind(size(y),b,a);
h=1/((x-2)^2+0.1)+1/((x-3)^4+0.01);
K=[K,h];
end
end
L=reshape(K,n,m);%将 K 矩阵重新排列成 m×n 的二维矩阵
disp('则 f(x)=')
disp(L')
jiefangcheng.m
function J=jiefangcheng(m1,m2,m3)
H=[m1*cos(m3*pi/180) -m1 -sin(m3*pi/180) 0
m1*sin(m3*pi/180) 0 cos(m3*pi/180) 0
0 m2 -sin(m3*pi/180) 0
0 0 -cos(m3*pi/180) 1];
K=[0;m1*9.8;0;m2*9.8];
J=inv(H)*K;
disp(['方程组的解是：',num2str(J')])

sushu
function a=sushu(b)
x=fix(b/10);
y=rem(b,10);
c=0;
d=0;
for m=1:b
if rem(b,m)==0
c=c+1;
end
end
for n=1:10*y+x
if rem((10*y+x),n)==0
d=d+1;
end
end
if c==2&d==2
a=b;
```

```
disp(['绝对素数是: ',num2str(a)])
else
a=0; %这里可以任意赋值，目的是让程序执行
end
```

程序中的 fx 是调用函数。

（5）

```
y=0;n=input('输入 n 值:');
for i=1:n
    y=y+1/(i*i);
end
pi=sqrt(6*y);
disp(pi)
>> clear
Y=0;n=input('输入 n 值')
for i=1; n
Y=y+1/(i*i)
end
Pi=sqrt(6*y)
Disp(pi)
输入 n 值: 20
    3.0947
```

第5章 绘图操作与时域分析

MATLAB 具有极强的可视化功能,各种各样的图形功能函数,不胜枚举。在数值运算与符号运算中,不可避免地要绘制函数的图形,因为从宏观上看,图形能给出函数的最直观的感性特征;就微观而言,图形能给出函数与其自变量间的定量关系。本章介绍 MATLAB 的常用图形命令与符号函数图形命令。通过本章的学习,读者初步掌握 MATLAB 最常用的图形命令,以期达到在程序设计中,将其计算的结果用图形函数命令绘制出来的目的。

自动控制最基本的问题就是求在输入信号作用下的输出响应,此即自动控制的时域分析。求解系统的微分方程,就能得到系统响应的时域解。用 Laplace 变换的方法解微分方程是最简单而方便的。MATLAB 还提供了 step 等函数命令,使绘制时域响应曲线既简单方便,又准确美观。通过本章的介绍,读者初步掌握用 Laplace 变换求系统响应时域解的方法,并学会用 step 等函数命令对系统进行时域仿真的程序设计方法。本章使用的最重要的 MATLAB 函数命令有 laplace、ilaplace、step、impulse、initial、linmod 等。

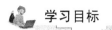 学习目标

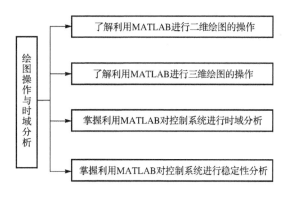

5.1 绘 图 操 作

5.1.1 绘图函数

在 MATLAB 中绘制二维曲线图是最简便的,如果将 x 轴和 y 轴数据分别保存在两个向量中,同时向量长度完全相等,那么可以直接调用函数进行二维图形的绘制。在 MATLAB 中,plot 命令绘制 x-y 坐标图;loglog 命令绘制对数坐标图;semilogx 和 semilogy 命令绘制半对数坐标图;polor 命令绘制极坐标图。

绘制单根二维曲线时,plot 是一个最常用的绘图函数,使用 plot 可绘制一个连续的线形图。

plot 函数的基本调用格式为

```
plot(x,y)
```

其中，x 和 y 为长度相同的向量，分别用于存储 x 坐标和 y 坐标数据。

5.1.2　二维绘图

例 5-1　在 $0 \leqslant x \leqslant 2\pi$ 区间内，绘制曲线

$$y = 2\mathrm{e}^{-0.5x}\cos(4\pi x)$$

程序如下：

```
x=0:pi/100:2*pi;
y=2*exp(-0.5*x).*cos(4*pi*x);
plot(x,y)
```

将以上程序建立 M 文件或直接在命令窗口中输进去，得到曲线如图 5-1 所示。

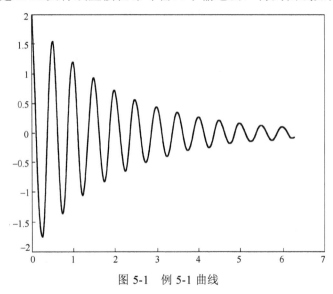

图 5-1　例 5-1 曲线

例 5-2　请绘制曲线。$x = t\sin(3t)$，$y = t\sin^2 t$，其中 t 的范围是 $0 \sim 2\pi$。

程序如下：

```
t=0:0.1:2*pi;
x=t.*sin(3*t);
y=t.*sin(t).*sin(t);
plot(x,y,'x');
```

将以上程序建立 M 文件或直接在命令窗口中输进去，其中用 t 来限制其正弦的时间范围，将函数表示出来，调用 plot 函数，绘制出图形如图 5-2 所示。

plot 函数最简单的调用格式是只包含一个输入参数：$\mathrm{plot}(x)$，在这种情况下，当 x 是实向量时，以该向量元素的下标为横坐标，元素值为纵坐标画出一条连续曲线，这实际上是绘制折线图。

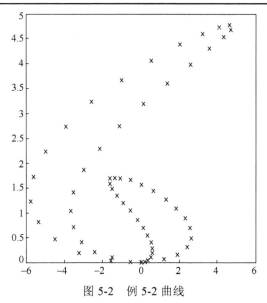

图 5-2 例 5-2 曲线

绘制多根二维曲线时，plot 函数的输入参数是矩阵形式，含多个输入参数的 plot 函数，调用格式为

```
plot(x1,y1,x2,y2,…,xn,yn)
```

(1)当输入参数都为向量时，x_1 和 y_1、x_2 和 y_2、$\cdots$、x_n 和 y_n 分别组成一组向量对，每一组向量对的长度可以不同。每一个向量对可以绘制出一条曲线，这样可以在同一坐标内绘制出多条曲线。

(2)当输入参数有矩阵形式时，配对的 x、y 按对应元素为横、纵坐标分别绘制曲线，曲线条数等于矩阵的列数。

例 5-3 分析下列程序绘制的曲线。

程序如下：

```
x1=linspace(0,2*pi,100);
x2=linspace(0,3*pi,100);
x3=linspace(0,4*pi,100);
y1=sin(x1);
y2=1+sin(x2);
y3=2+sin(x3);
x=[x1;x2;x3]';
y=[y1;y2;y3]';
plot(x,y,x1,y1-1)
```

将以上程序建立 M 文件或直接在命令窗口中输进去，运行程序绘制的曲线如图 5-3 所示。

(3)绘制具有两个纵坐标标度的图形。

在 MATLAB 中，如果需要绘制出具有不同纵坐标标度的两个图形，可以使用 plotyy 绘图函数。调用格式为

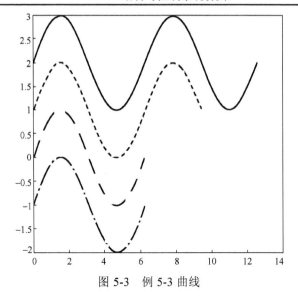

图 5-3　例 5-3 曲线

```
plotyy(x1,y1,x2,y2)
```

其中，x_1、y_1 对应一条曲线；x_2、y_2 对应另一条曲线。横坐标的标度相同，纵坐标有两个，左纵坐标用于 x_1、y_1 数据对，右纵坐标用于 x_2、y_2 数据对。

例 5-4　用不同标度在同一坐标内绘制曲线 $y_1 = 0.2e^{-0.5x}\cos(4\pi x)$ 和 $y_2 = 2e^{-0.5x}\cos(\pi x)$。

程序如下：

```
x=0:pi/100:2*pi;
y1=0.2*exp(-0.5*x).*cos(4*pi*x);
y2=2*exp(-0.5*x).*cos(pi*x);
plotyy(x,y1,x,y2)
```

将以上程序建立 M 文件或直接在命令窗口中输进去，其中 plotyy 函数是绘制出具有不同坐标标度的两个图形，其结果如图 5-4 所示。

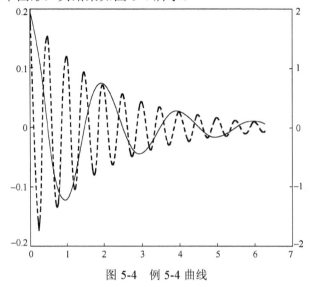

图 5-4　例 5-4 曲线

(4) 图形保持。

hold on/off 命令控制是保持原有图形或是刷新原有图形，不带参数的 hold 命令在两种状态之间进行切换。

例5-5 采用图形保持，在同一坐标内绘制曲线 $y_1 = 0.2\mathrm{e}^{-0.5x}\cos(4\pi x)$ 和 $y_2 = 2\mathrm{e}^{-0.5x}\cos(\pi x)$。

程序如下：

```
x=0:pi/100:2*pi;
y1=0.2*exp(-0.5*x).*cos(4*pi*x);
plot(x,y1)
hold on
y2=2*exp(-0.5*x).*cos(pi*x);
plot(x,y2);
hold off
```

将以上程序建立 M 文件或直接在命令窗口中输进去，运行程序结果如图 5-5 所示。

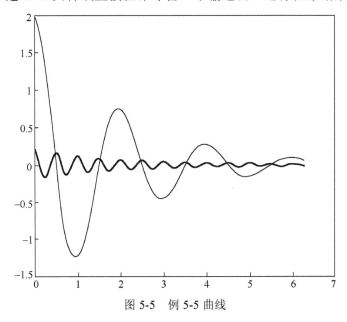

图 5-5 例 5-5 曲线

(5) 设置曲线样式。

plot(x1,y1,LineSpec,…,xn,yn,LineSpec) 函数中 LineSpec 用于控制图像外观，指定线条的类型（如实线、虚线、点画线等）、标识符号、颜色等属性。该参数的常用设置选项见表 5-1。

表 5-1 线型和颜色控制符

点标记		线型		颜色	
.	点	-	实线	y	黄色
o	小圆圈	:	虚线	m	棕色
x	叉子符	×	点画线	c	青色
+	加号	--	间断线	r	红色

点标记		线型		颜色	
*	星号			g	绿色
square 或 s	方形			b	蓝色
diamond 或 d	菱形			w	白色
∧	朝上三角			k	黑色
∨	朝下三角				
>	朝右三角				
<	朝左三角				
pentagram 或 p	五角星				
hexagram 或 h	六角星				

plot(x1,y1,LineSpec,'PropertyName',Property Value) 函数使用属性名称和属性值指定线条的特性，还可以设置其中的 4 种附加属性，见表 5-2。

表 5-2　线型的 4 种附加属性

属性	说明
LineWidth	用来指定线的宽度
MakerEdgeColor	用来指定标识表面的颜色
MarkerFaceColor	填充标识的颜色
MarkerSize	指定标识的大小

MATLAB 提供了一些绘图选项，用于确定所绘曲线的线型、颜色和数据点标记符号，它们可以组合使用。例如，"b-."表示蓝色点画线，"y:d"表示黄色虚线并用菱形符标记数据点。当选项省略时，MATLAB 规定，线型一律用实线，颜色将根据曲线的先后顺序依次显示。要设置曲线样式可以在 plot 函数中加绘图选项，其调用格式为

```
plot(x1, y1,选项1, x2, y2,选项2,…, xn, yn,选项n)
```

例 5-6　在同一坐标内，分别用不同线型和颜色绘制曲线 $y_1 = 0.2e^{-0.5x}\cos(4\pi x)$ 和 $y_2 = 0.2e^{-0.5x}\cos(\pi x)$，标记两曲线交叉点。

程序如下：

```
x=linspace(0,2*pi,1000);
y1=0.2*exp(-0.5*x).*cos(4*pi*x);
y2=2*exp(-0.5*x).*cos(pi*x);
k=find(abs(y1-y2)<1e-2);
x1=x(k);
y3=0.2*exp(-0.5*x1).*cos(4*pi*x1);
plot(x,y1,x,y2,'k:',x1,y3,'bp');
```

将以上程序建立 M 文件或直接在命令窗口中输进去，运行程序绘制曲线如图 5-6 所示。图中实线为曲线 y_2，虚线为曲线 y_1。

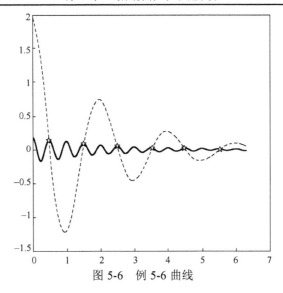

图 5-6　例 5-6 曲线

（6）图形标注与坐标控制。

①图形标注。

有关图形标注函数的调用格式为

```
title(图形名称)
xlabel(x 轴说明)
ylabel(y 轴说明)
text(x,y,图形说明)
legend(图例 1,图例 2,…)
```

函数中的说明文字，除使用标准的 ASCII 码字符外，还可使用 LaTeX 格式的控制字符，这样就可以在图形上添加希腊字母、数学符号及公式等内容。例如，ext(0.3,0.5, 'sin({\omega}t+{\beta})')将得到标注效果 $\sin(\omega t+\beta)$。

例 5-7　在 $0 \leqslant x \leqslant 2\pi$ 区间内，绘制曲线 $y_1=2e^{-0.5x}$ 和 $y_2=\cos(4\pi x)$，并给图形添加图形标注。

程序如下：

```
x=0:pi/100:2*pi;
y1=2*exp(-0.5*x);
y2=cos(4*pi*x);
plot(x,y1,x,y2)
title('x from 0 to 2{\pi}');              %加图形标题
xlabel('Variable X');                     %加 x 轴说明
ylabel('Variable Y');                     %加 y 轴说明
text(0.8,1.5,'曲线 y1=2e^{-0.5x}');       %在指定位置添加图形说明
text(2.5,1.1,'曲线 y2=cos(4{\pi}x)');
legend('y1','y2')                         %加图例
```

将以上程序建立 M 文件或直接在命令窗口中输进去，运行程序结果如图 5-7 所示。

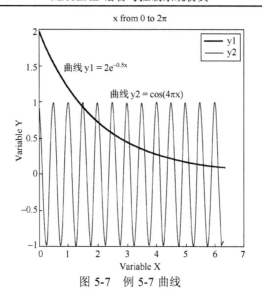

图 5-7　例 5-7 曲线

②坐标控制。

axis 函数的调用格式为

```
axis([xmin xmax ymin ymax zmin zmax])
```

axis 函数功能丰富,常用的格式还有以下几种。

axis equal：纵、横坐标轴采用等长刻度。

axis square：产生正方形坐标系(缺省为矩形)。

axis auto：使用缺省设置。

axis off：取消坐标轴。

axis on：显示坐标轴。

给坐标加网格线用 grid 命令来控制。grid on/off 命令控制是画或不画网格线，不带参数的 grid 命令在两种状态之间进行切换。

给坐标加边框用 box 命令来控制。box on/off 命令控制是加或不加边框线，不带参数的 box 命令在两种状态之间进行切换。

例 5-8　在同一坐标中，绘制 3 个同心圆，并加坐标控制。

程序如下：

```
t=0:0.01:2*pi;
x=exp(i*t);
y=[x;2*x;3*x]';
plot(y,'*')
grid on;                %加网格线
box on;                 %加坐标边框
axis equal              %坐标轴采用等刻度
```

将以上程序建立 M 文件或直接在命令窗口中输进去，运行程序结果如图 5-8 所示。

(7)图形窗口的分割。

subplot 函数的调用格式为

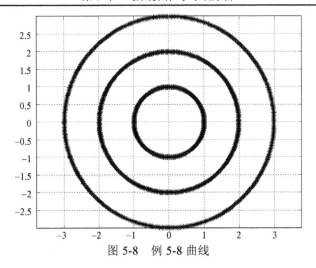

图 5-8   例 5-8 曲线

```
subplot(m,n,p)
```

该函数将当前图形窗口分成 $m \times n$ 个绘图区，即每行 n 个，共 m 行，区号按行优先编号，且选定第 p 个区为当前活动区。在每一个绘图区允许以不同的坐标系单独绘制图形。

例 5-9   在图形窗口中，以子图形式同时绘制多根曲线。

程序如下：

```
x=0:pi/100:2*pi;
y1=cos(2*pi*x);
y2=sin(pi*x);
subplot(1,2,1);
plot(x,y1,'m-');
subplot(1,2,2);
plot(x,y2,'k:');
```

将以上程序建立 M 文件或直接在命令窗口中输进去，运行程序结果如图 5-9 所示。

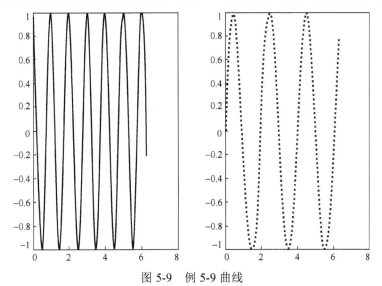

图 5-9   例 5-9 曲线

5.1.3 常用统计图绘图

在 MATLAB 中，二维统计分析图形有很多，常见的有条形图、阶梯图、杆图和填充图等，所采用的函数分别是：bar$(x,y,$选项)、stairs$(x,y,$选项)、stem$(x,y,$选项)、fill$(x_1,y_1,$选项 $1,x_2,y_2,$选项 $2,\cdots)$。

例 5-10　分别以条形图、阶梯图、杆图和填充图形式绘制曲线 $y=2\sin(x)$。

程序如下：

```
x=0:pi/10:2*pi;
y=2*sin(x);
subplot(2,2,1);bar(x,y,'m');
title('bar(x,y,''k'')');axis([0,7,-2,2]);
subplot(2,2,2);stairs(x,y,'r');
title('stairs(x,y,''b'')');axis([0,7,-2,2]);
subplot(2,2,3);stem(x,y,'g');
title('stem(x,y,''k'')');axis([0,7,-2,2]);
subplot(2,2,4);fill(x,y,'b');
title('fill(x,y,''y'')');axis([0,7,-2,2]);
```

将以上程序建立 M 文件或直接在命令窗口中输进去，运行程序绘制曲线如图 5-10 所示。

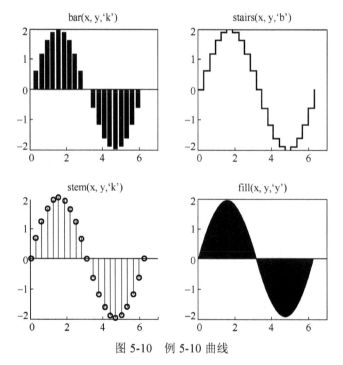

图 5-10　例 5-10 曲线

MATLAB 提供的统计分析绘图函数还有很多，例如，用来表示各元素占总和的百分比的饼图、复数的相量图等。

例 5-11 绘制以下内容图形。

(1)某企业全年各季度的产值(单位：万元)分别为 2347、1827、2043、3025，试用饼图做统计分析。

(2)绘制复数的相量图：7+2.9i、2–3i 和–1.5–i。

程序如下：

```
subplot(1,2,1);
pie([2347,1827,2043,3025]);
title('饼图');
legend('一季度','二季度','三季度','四季度');
subplot(1,2,2);
compass([7+2.9i,2-3i,-1.5-6i]);
title('相量图');
```

将以上程序建立 M 文件或直接在命令窗口中输进去，运行程序绘制图形如图 5-11 所示。

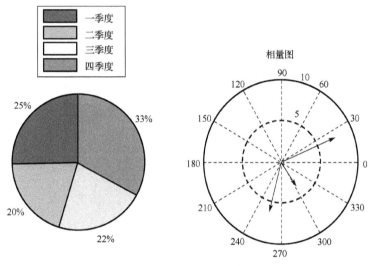

图 5-11 例 5-11 曲线

5.2 三 维 绘 图

5.2.1 三维曲线

用函数 plot3 可以绘制三维图形，其调用格式：

```
plot3(x1,y1,z1,选项 1,x2,y2,z2,选项 2,…,xn,yn,zn,选项 n)
```

x、y、z 为向量或矩阵，表示图形的三维坐标，选项的定义与 plot 函数相同。当 x、y、z 是同维向量时，x、y、z 对应元素构成一条三维曲线。当 x、y、z 是同维矩阵时，则 x、y、z 对应列元素绘制三维曲线，曲线条数等于矩阵列数。

例 5-12　绘制三维曲线。

程序如下：

```
t=0:pi/100:20*pi;
x=sin(t);
y=cos(t);
z=t.*sin(t).*cos(t);
plot3(x,y,z);
title('Line in 3-D Space');
xlabel('X');ylabel('Y');zlabel('Z');
grid on;
```

将以上程序建立 M 文件或直接在命令窗口中输进去，运行程序绘制曲线如图 5-12 所示。

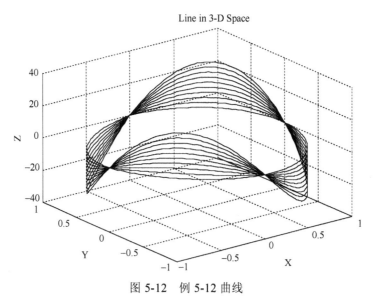

图 5-12　例 5-12 曲线

5.2.2　三维曲面

1. 产生三维数据

在 MATLAB 中，利用 meshgrid 函数产生平面区域内的坐标矩阵。其格式为

```
x=a:d1:b;y=c:d2:d;
[X,Y]=meshgrid(x,y);
```

语句执行后，矩阵 X 的每一行都是向量 x，行数等于向量 y 的个数，矩阵 Y 的每一列都是向量 y，列数等于向量 x 的个数。

2. 绘制三维曲面的函数

surf 函数和 mesh 函数的调用格式为

```
mesh(x,y,z,c)
surf(x,y,z,c)
```

一般情况下，x、y、z 是维数相同的矩阵。x、y 是网格坐标矩阵，z 是网格点上的高度矩阵，c 用于指定在不同高度下的颜色范围。

例 5-13　绘制三维曲面图 $z = \sin(x + \sin(y)) - x/10$。

程序如下：

```
[x,y]=meshgrid(0:0.25:4*pi);
z=sin(x+sin(y))-x/10;
mesh(x,y,z);
axis([0 4*pi 0 4*pi -2.5 1]);
```

将以上程序建立 M 文件或直接在命令窗口中输进去，运行程序绘制曲线如图 5-13 所示。

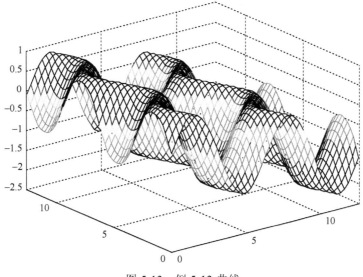

图 5-13　例 5-13 曲线

此外，还有带等高线的三维网格曲面函数 meshc 和带底座的三维网格曲面函数 meshz。其用法与 mesh 类似，不同的是 meshc 在 xy 平面上绘制曲面在 z 轴方向的等高线，meshz 在 xy 平面上绘制曲面的底座。

例 5-14　在 xy 平面内选择区域[-8,8]×[-8,8]，绘制 4 种三维曲面图。

程序如下：

```
[x,y]=meshgrid(-8:0.5:8);
z=sin(sqrt(x.^2+y.^2))./sqrt(x.^2+y.^2+eps);
subplot(2,2,1);
mesh(x,y,z);
title('mesh(x,y,z)')
subplot(2,2,2);
meshc(x,y,z);
title('meshc(x,y,z)')
```

```
subplot(2,2,3);
meshz(x,y,z)
title('meshz(x,y,z)')
subplot(2,2,4);
surf(x,y,z);
title('surf(x,y,z)')
```

　　将以上程序建立 M 文件或直接在命令窗口中输进去,运行程序绘制的曲面如图 5-14 所示。

3. 标准三维曲面

sphere 函数的调用格式为

```
[x,y,z]=sphere(n)
```

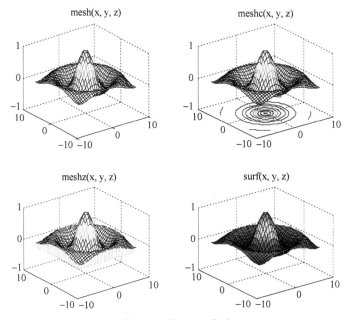

图 5-14　例 5-14 曲线

cylinder 函数的调用格式为

```
[x,y,z]=cylinder(R,n)
```

MATLAB 还有一个 peaks 函数,称为多峰函数,常用于三维曲面的演示。

例 5-15　绘制标准三维曲面图形。

程序如下:

```
t=0:pi/20:2*pi;
[x,y,z]= cylinder(2+sin(t),30);
subplot(2,2,3);
surf(x,y,z);
subplot(2,2,4);
```

```
[x,y,z]=sphere;
surf(x,y,z);
subplot(2,1,1);
[x,y,z]=peaks(30);
surf(x,y,z);
```

将以上程序建立 M 文件或直接在命令窗口中输进去,运行程序绘制的曲线如图 5-15 所示。

4. 其他三维图形

在介绍二维图形时,曾提到条形图、杆图、饼图和填充图等特殊图形,它们还可以以三维形式出现,使用的函数分别为 bar3、stem3、pie3 和 fill3。

bar 函数绘制三维条形图,常用格式为

```
bar3(y)
bar3(x,y)
```

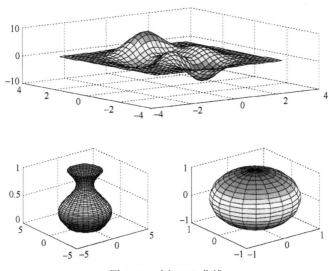

图 5-15　例 5-15 曲线

stem3 函数绘制离散序列数据的三维杆图,常用格式为

```
stem3(z)
stem3(x,y,z)
```

pie3 函数绘制三维饼图,常用格式为

```
pie3(x)
```

fill3 函数等效于三维函数 fill,可在三维空间内绘制出填充过的多边形,常用格式为

```
fill3(x,y,z,c)
```

例 5-16　绘制三维图形,具体要求如下。

(1)用随机的顶点坐标值画出 5 个黄色三角形。

(2) 以三维杆图形式绘制曲线 $y = 2\sin(x)$。

(3) 已知 $x=[2347,1827,2043,3025]$，绘制饼图。

(4) 绘制魔方阵的三维条形图。

程序如下：

```
subplot(2,2,1);
fill3(rand(3,5),rand(3,5),rand(3,5), 'y' )
title('五个黄色三角形');
subplot(2,2,2);
y=2*sin(0:pi/10:2*pi);
stem3(y);
title('y=2sin(x)');
subplot(2,2,3);
pie3([2347,1827,2043,3025]);
title('饼图');
subplot(2,2,4);
bar3(magic(4))
title('魔方阵的三维条形图')
```

将以上程序建立 M 文件或直接在命令窗口中输进去，运行程序绘制的图形如图 5-16 所示。

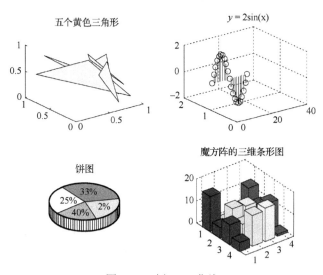

图 5-16　例 5-16 曲线

5.3　控制系统常用函数与时域响应分析

1. 典型环节

构成控制系统的物理实体不同但数学模型相同的几种基本而简单的因子(环节)，如惯性环节、比例环节、积分环节、微分环节、振荡环节等，称为典型环节。

2. 传递函数

传递函数是指线性定常系统在零初始条件下，输出量的拉氏变换与输入量的拉氏变换之比，即

$$G(s) = \frac{C(s)}{R(s)}$$

3. 闭环系统的开环传递函数

闭环系统的开环传递函数是指断开闭环反馈通道的输出通路，前向通道与反馈通道传递函数的乘积，即

$$G(s)H(s) = G(s) \cdot H(s) = \frac{B(s)}{E(s)}$$

4. 系统开环增益

系统开环增益是指系统开环传递函数中将分子分母 s 多项式最低阶系数换算为 1 后的总比例系数。或者定义为：开环传递函数中将各典型环节(各因式)的 s 零次方项(即 s^0 项，如果有的话)的系数换算为 1 后的总比例系数。

5. 控制系统稳定性

控制系统稳定性是指系统动态过程稳定的程度与系统受到扰动作用偏离原平衡状态，当去掉扰动后系统恢复平衡工作状态的能力。

6. 控制系统快速性

控制系统快速性是指系统动态过程经历时间长短的快慢程度，动态过程时间短，则系统的快速性能好。

7. 控制系统准确性

控制系统准确性是指动态过程结束进入平衡工作状态后，系统被控量与给定值的偏差的大小程度。其偏差越小，即系统控制精度越高，系统的准确性越好。

8. 系统动态过程

系统动态过程是指控制系统在受到给定信号或者干扰信号作用后，系统被控量变化的全过程。

9. 控制系统性能指标

控制系统的性能指标有静态(或稳态)与动态两类指标。动态性能指标又分为跟随性能指标与抗扰动性能指标两种。跟随性能指标有上升时间 t_r、峰值时间 t_p、超调量 $\sigma\%$、调节时间 t_s 等；抗扰动性能指标有动态降落、恢复时间等。

10. 典型外作用信号

典型外作用信号是众多而复杂的实际外作用信号的近似与抽象。它的选择不仅应使数学运算简单，而且应便于用实验验证。常用的典型外作用信号有阶跃信号、斜坡信号、加速度信号、单位理想脉冲（即单位冲激信号）。

11. 典型跟随过程

典型跟随过程是指以输出量的初始值为零，在给定阶跃信号作用下的过渡过程。这时系统的动态响应也称作阶跃响应。

12. 典型时间响应

典型时间响应是指初始状态为零的系统，在典型外作用信号下系统输出量的动态过程。在以上的典型信号作用下，有阶跃响应、斜坡响应、单位冲激响应及正弦响应等。

13. 阶跃响应性能指标

阶跃响应性能指标是指控制系统在跟踪或复现阶跃输入信号时，响应过程的性能指标。因为阶跃信号对于系统是较为恶劣、严格的工作条件，所以常以阶跃响应性能指标衡量系统控制性能的好坏。

14. 超调量 $\sigma\%$

超调量 $\sigma\%$ 指阶跃响应曲线 $h(t)$ 中对稳态值的最大超出量与稳态值之比，即

$$\sigma\% = \frac{h(t_{\mathrm{p}}) - h(\infty)}{h(\infty)} \times 100\%$$

在二阶系统中，超调量 $\sigma\%$ 与阻尼比 ς 之间的关系为

$$\sigma\% = \mathrm{e}^{-\frac{x\varsigma}{\sqrt{1-\varsigma^2}}} \times 100\%$$

若是已知阻尼比 ς，可以用以下 MATLAB 指令求超调量 $\sigma\%$：

```
sigma=2.7182^(-pi*zeta/(1-(zeta)^2)^(1/2))
```

若是已知系统超调量 $\sigma\%$ （sigma），则可用以下 MATLAB 指令求阻尼比 ς：

```
zeta=((log(1/sigma))^2/((pi)^2+(log(1/sigma))^2))^(1/2)
```

例 5-17　已知二阶系统的 $\varsigma = 0.46$，求系统的超调量 $\sigma\%$。

程序如下：

```
zeta=0.46;
sigma=2.7182^(-pi*zeta/(1-(zeta)^2)^(1/2))
```

指令执行结果：

```
sigma = 0.1964
```

即求得系统的超调量 $\sigma\% = 19.64\%$。也可运行带作者开发函数的 zetosi 程序求得

```
zeta=0.46;
[sigma]=zetosi(zeta)
```

例 5-18 已知二阶系统的超调量 $\sigma\% = 20\%$，求系统的阻尼比 ς。

程序如下：

```
sigma=0.2;
zeta=((log(1/sigma))^2/((pi)^2+(log(1/sigma))^2))^(1/2)
```

指令执行结果：

```
zeta = 0.4559
```

即求得系统的阻尼比 $\varsigma = 0.4559$。也可运行带作者开发函数 sitoze 的程序求得

```
sigma=0.2;
[zeta]=sitoze(sigma)
```

15. 峰值时间 t_{p}

峰值时间 t_{p} 是指从 0 到阶跃响应曲线 $h(t)$ 中超过其稳态值而达到第一个峰值之间经历的时间。对于欠阻尼 $(0 < \varsigma < 1)$ 二阶系统，当 ω_{n} 为自然振荡角频率时，峰值时间为

$$t_{\mathrm{p}} = \frac{\pi}{\omega_{\mathrm{n}}\sqrt{1-\varsigma^2}}$$

16. 调节时间 t_{s}

调节时间 t_{s} 指阶跃响应曲线中，$h(t)$ 进入稳态值附近 $\pm 5\%$（或 $\pm 2\%$）的误差带而不再超出的最小时间，t_{s} 也称过渡过程时间。

5.4 稳定性分析

稳定是控制系统的重要性能，也是系统能够工作的首要条件，因此，如何分析系统的稳定性并找出保证系统稳定的措施，便成为自动控制理论的一个基本任务。线性系统的稳定性取决于系统本身的结构和参数，而与输入无关。线性系统稳定的条件是其特征根均具有负实部。

5.4.1 稳定性

在实际工程系统中，为避开对特征方程的直接求解，就只好讨论特征根的分布，即看其是否全部具有负实部，并以此来判别系统的稳定性，由此形成了一系列稳定性判据，其中最重要的一个判据就是劳斯判据。劳斯判据给出线性系统稳定的充要条件是：系统特征方程式不缺项，且所有系数均为正，劳斯阵列中第一列所有元素均为正号，构造劳斯表比用求根判断稳定性的方法简单许多，而且这些方法都已经过了数学上的证明，是完全有理论根据的，是实用性非常好的方法。

但是，随着计算机功能的进一步完善和 MATLAB 语言的出现，一般在工程实际当中已经不再采用这些方法了。本书就采用 MATLAB 对控制系统进行稳定性分析。

5.4.2　MATLAB 在稳定性分析中的应用

1. 直接判定法

根据稳定的充分必要条件判别线性系统的稳定性，最简单的方法是求出系统所有极点，并观察是否含有实部大于 0 的极点，如果有，则系统不稳定。然而实际的控制系统大部分都是高阶系统，这样就面临求解高次方程，求根工作量很大，但在 MATLAB 中只需分别调用函数 roots(den) 或 eig(A) 即可，这样就可以由得出的极点位置直接判定系统的稳定性。

例 5-19　已知控制系统的传递函数为

$$G(s) = (s^3 + 7s^2 + 24s + 24)/(s^4 + 10s^3 + 35s^2 + 50s + 24)$$

试判定该系统的稳定性。

输入如下程序：

```
G=tf([1,7,24,24],[1,10,35,50,24]);
roots(G.den{1})
```

运行结果：

```
ans =
        -4.0000
        -3.0000
        -2.0000
        -1.0000
```

由此可以判定该系统是稳定系统。

2. 用根轨迹法判断系统的稳定性

根轨迹法是一种求解闭环特征方程根的简便图解法，它是根据系统的开环传递函数极点、零点的分布和一些简单的规则，研究开环系统某一参数从零到无穷大时闭环系统极点在 s 平面的轨迹。控制工具箱中提供了 rlocus 函数来绘制系统的根轨迹，利用 rlocfind 函数，在图形窗口显示十字光标，可以求得特殊点对应的 K 值。

例 5-20　已知一控制系统，$H(s)=1$，其开环传递函数为 $G(s) = \dfrac{K}{s(s+1)(s+2)}$，试绘制系统的轨迹图。

程序如下：

```
G=tf(1,[1 3 2 0]);
rlocus(G);
[k,p]=rlocfind(G)
```

根轨迹图如图 5-17 所示。

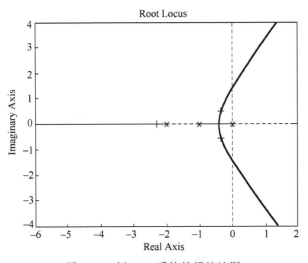

图 5-17　例 5-20 系统的根轨迹图

光标选定虚轴临界点，程序结果为

```
selected_point =
      0 - 0.0124i
k =
    0.0248
p =
   -2.0122
   -0.9751
   -0.0127
```

光标选定分离点，程序结果为

```
selected_point =
 -1.9905 - 0.0124i
k =
    0.0308
p =
   -2.0151
   -0.9692
   -0.0158
```

上述数据显示了增益及对应的闭环极点位置，由此可得出如下结论。

(1) 当 $0 < K < 0.4$ 时，闭环系统具有不同的实数极点，表明系统处于过阻尼状态。

(2) 当 $K=0.4$ 时，对应为分离点，系统处于临界阻尼状态。

(3) 当 $0.4 < K < 6$ 时，系统主导极点为共轭复数极，系统为欠阻尼状态。

(4) 当 $K=6$ 时，系统有一对虚根，系统处于临界稳定状态。

(5) 当 $K < 6$ 时，系统的一对复根的实部为正，系统处于不稳定状态。

 导入案例

嫦 娥 奔 月

编写一条程序反映嫦娥一号飞向月亮的轨迹图。

程序如下：

```
figure('name','嫦娥一号与月亮、地球关系');
%设置标题名字
s1=[0:.01:2*pi];
hold on;
axis equal;%建立坐标系
axis off  % 除掉 Axes
r1=10;%月亮到地球的平均距离
r2=3;
%嫦娥一号到月亮的平均距离
w1=1;
%设置月亮公转角速度
w2=12
%设置嫦娥一号绕月亮公转角速度
t=0;
%初始时刻为 0
pausetime=.002;%设置暂停时间
sita1=0;
sita2=0;
%设置开始它们都在水平线上
set(gcf,'doublebuffer','on') %消除抖动
plot(-20,18,'color','r','marker','.','markersize',40);
text(-17,18,'地球');%对地球进行标识
p1=plot(-20,16,'color','b','marker','.','markersize',20);
text(-17,16,'月亮');%对月亮进行标识
p1=plot(-20,14,'color','w','marker','.','markersize',13);
text(-17,14,'嫦娥一号');
%对嫦娥一号进行标识
plot(0,0,'color','r','marker','.','markersize',60);%画地球
plot(r1*cos(s1),r1*sin(s1));%画月亮公转轨道
set(gca,'xlim',[-20  20],'ylim',[-20  20]);p1=plot(r1*cos(sita1),
r1*sin (sita1),'color','b','marker','.','markersize',30);%画月亮初始位置
l1=plot(r1*cos(sita1)+r2*cos(s1),r1*sin(sita1)+r2*sin(s1));
%画嫦娥一号绕月亮公转的轨道
p2x=r1*cos(sita1)+r2*cos(sita2);
p2y=r1*sin(sita1)+r2*sin(sita2);
p2=plot(p2x,p2y,'w','marker','.','markersize',20);%画嫦娥一号的初始位置
orbit=line('xdata',p2x,'ydata',p2y,'color','r');%画嫦娥一号的运动轨迹
```

```
while 1
 set(p1,'xdata',r1*cos(sita1),'ydata',r1*sin(sita1));
%设置月亮的运动过程
 set(l1,'xdata',r1*cos(sita1)+r2*cos(s1),'ydata',r1*sin(sita1)+
    r2*sin (s1));%设置嫦娥一号绕月亮的公转轨道的运动过程
ptempx=r1*cos(sita1)+r2*cos(sita2);
ptempy=r1*sin(sita1)+r2*sin(sita2);
 set(p2,'xdata',ptempx,'ydata',ptempy);%设置嫦娥一号的运动过程
 p2x=[p2x ptempx];
 p2y=[p2y ptempy];
 set(orbit,'xdata',p2x,'ydata',p2y);%设置嫦娥一号运动轨迹的显示过程
 sita1=sita1+w1*pausetime;%月亮相对地球转过的角度
 sita2=sita2+w2*pausetime;%嫦娥一号相对月亮转过的角度
pause(pausetime);  %暂停一会
 drawnow
end
```

绘制图形如图 5-18 所示。

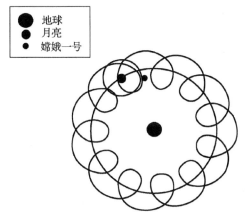

图 5-18　嫦娥一号与月球、地球的关系图

 知识拓展

输出高品质 MATLAB 图形的方法与技巧

众所周知，MATLAB 最突出的优点之一是具有很强的绘图功能。但许多科技工作者在处理 MATLAB 图形时却遇到了问题。例如，当他们欲将自己的研究成果以专著或论文形式在出版社出版或在期刊上发表时，如何输出能满足出版社要求的 MATLAB 图形？如何将 MATLAB 图形插入文档中，以实现图文混排？MATLAB 的输出图形".fig"文件格式及 Simulink 的仿真模型图".mdl"文件格式均不受 Word 支持，因此无法以文件形式直接插入 Word 文档中。目前，比较流行的做法是将 MATLAB 的图形或 Simulink 的仿真模型图通过屏幕复制的方法（即按 PrtSc 键）把整个屏幕以图像方式存入剪贴板；然后粘贴至

Windows 自带的画板中，并在画板中对图像进行编辑，去掉无用的信息后，再将图像存为 Windows 标准位图".bmp"文件格式；最后插入至 Word 文档中。这种方法虽然操作简单，但由于受屏幕分辨率的限制，输出图形较为粗糙，图形品质不够理想。更重要的是，目前许多正规出版社不接受位图格式文件，而要求作者提供矢量图形格式文件。

1. 用 print 命令输出或转换图形

MATLAB 提供了一个 print 命令，它可直接将 MATLAB 的图形及 Simulink 的仿真模型图转换为 EPS 文件。其格式为：print [2s] [2device] [2options] [filename]，print 后所跟的参数均为可选项，其中 2s 表示被转换的图形为 Simulink 的仿真模型图。若该项缺省，则被转换的对象为 MATLAB 的输出图形。2device 表示输出格式。该选项一定以 2d 开头，如 2deps 表示转换为 EPS 文件格式。此外，还可转换为其他格式的图形文件，如 2dill、2dpng、2dtiff、2djpeg 等分别表示转换为 AI(adobe illustrator)、PNG(portable network graph)、便携式网络图形、TIFF(tag image file format，标签图像格式)、JPEG(joint photographic experts group，联合图片专家组)文件格式。2options 控制输出图形的特性，如分辨率(2r)、使用颜色(2cmyk)等。2cmyk 指使用 CMYK(cyan、magenta、yellow、black)色，而不用 RGB(red、green、blue)色。filename 指转换后图形的文件名。如果没指定扩展名，print 将自动为之添加一个合适的扩展名。

下面举个例子：print2deps myfig，当前的 MATLAB 图形被存为 EPS 文件格式，文件名为 myfig. eps。如果上述命令中的选项 2deps 改为 2djpeg，则当前的 MATLAB 图形便被转换为 JPEG 文件格式，文件名为 myfig. jpg。

2. 用 exportfig 函数转换图形

由上所述，print 命令可方便地将 MATLAB 的图形或 Simulink 的仿真模型图转化为 EPS 矢量图形文件格式。但也存在一些不足，如图形尺寸、颜色、图线粗细、标注尺寸等均不易改变。Ben Hinkle 最近公布了他所编制的 exportfig.m 文件。该文件克服了上述不足，但它仅适用于 MATLAB 的图形转换，对 Simulink 的仿真模型图的转换却无能为力。与 exportfig. m 有关的还有另外 3 个 M 文件：previewfig. m、applytofig. m、restorefig. m。使用 exportfig 函数的格式为：exportfig(gcf , filename, options)，其中 gcf (get current figure)指转换的图形为当前 MATLAB 图形，filename 指转换后图形的文件名。与 print 命令一样，若没指定扩展名，则 exportfig 将自动添加一个合适的扩展名；options 控制输出图形的特性。一项特性由一对参数组成，第一个为参数名称，第二个为参数值。若参数名称或参数值为字符串，则需加引号；若参数名称或参数值为数值，则不需加引号。exportfig 可指定的特性项数没有限制，且顺序可随意排列。主要特性有：①格式(format)，与 print 的输出格式相同，可为 EPS、JPEG、PNG、TIFF、ILL 等、默认为 EPS 格式；②尺寸，包括 width、height、bounds 等，它们分别指定图形的宽度、高度(数值)及是否紧凑(tight 或 loose、默认为 tight)；③颜色(color)，可有 4 种选择：bw、gray、rgb、cmyk、默认为 bw；④分辨率(resolution)，单位为 dpi；⑤字体大小，主要包括 fontmode(scaled 及 fixed，默认为 scaled)及 fontsize(数值)；⑥图线宽度，主要包括 linemode(scaled 及 fixed，默认为 scaled)及 linewidth(数值)。

下面举几个例子。

(1) exportfig(gcf ,'myfig','width',6,'format','jpeg')，当前图形被存为 myfig. jpg，图

形宽度为 6 英寸，图形长与宽比例同屏幕显示一致。

（2）exportfig（gcf，'myfig'，'linemode'，'fixed'，'linewidth'，1.5），当前图形被存为 myfig. eps，图线宽度为 1.5 英寸。

（3）exportfig　（gcf，'myfig'，'format'，'tiff'，'resolution'，200，'font2mode'，'fixed'，'fontsize'，8，'color'，'cmyk'），当前图形被存为 myfig. tif，分辨率为 200dpi，字体大小为 8 points，颜色采用 CMYK。为了简化输入，可将指定的图形特性存入某一变量，当使用 exportfig 函数时只需调用该变量即可。

（4）opts = struct　（'width'，6，'height'，4. 5，'bounds'，'tight'，'font2mode'，'fixed'，'fontsize'，8，'format'，'tiff'，'color'，'cmyk'，'resolution'，100，'linemode'，'fixed'，'linewidth'，1.5）;exportfig　（gcf，'myfig'，opts）。

实验 5　MATLAB 的二维绘图

1.　实验目的

（1）掌握绘制二维图形的常用函数。
（2）掌握绘制图形的辅助操作。

2.　实验要求

（1）进一步熟悉和掌握 MATLAB 的编程及调试。
（2）掌握二维图形的绘制。

3.　实验内容

（1）绘制 $y = [0.5 + 3\sin(x) / (1 + x^2)]\cos(x)$ 的图形。
程序如下。

```
x=linspace(0,2*pi,101);
y=(0.5+3*sin(x)/(1+x.^2)).*cos(x);
plot(x,y);title('y=[0.5+3sin(x)/(1+x^{2})]cos(x)的图像如下:')
```

将以上程序建立 M 文件或直接在命令窗口中输进去，运行程序绘制图形如图 5-19 所示。

（2）已知 $y_1 = x_2$，$y_2 = \cos(2x)$，$y_3 = y_1 y_2$，完成下列操作。
①在同一坐标系下用不同线型绘制 3 条曲线（见表 5-1 线型）。
②以子图形式绘制 3 条曲线。
③分别用条形图、阶梯图、杆图和填充图绘制 3 条曲线。
第①题程序如下：

```
x=linspace(-2*pi,2*pi,500)
y1=x.^2;
y2=cos(2*x);
y3=y1.*y2;
plot(x,y1,'r-',x,y2,'b-',x,y3,'g-')
```

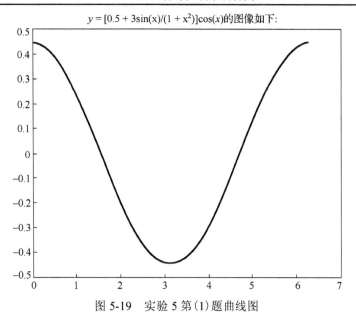

图 5-19　实验 5 第(1)题曲线图

将以上程序建立 M 文件或直接在命令窗口中输进去，运行程序结果如图 5-20 所示。

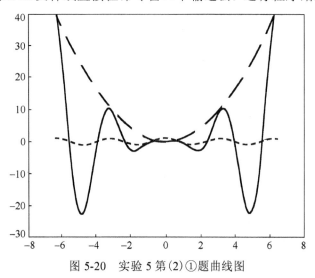

图 5-20　实验 5 第(2)①题曲线图

第②题程序如下：

```
x=linspace(-2*pi,2*pi,500)
y1=x.^2;
y2=cos(2*x);
y3=y1.*y2;
subplot(3,1,1);
plot(x,y1);
subplot(3,1,2);
plot(x,y2);
subplot(3,1,3);
plot(x,y3);
```

　　将以上程序建立 M 文件或直接在命令窗口中输进去，运行程序结果如图 5-21 所示，其在 MATLAB 中的 M 文件及 figure 图如图 5-22 所示。

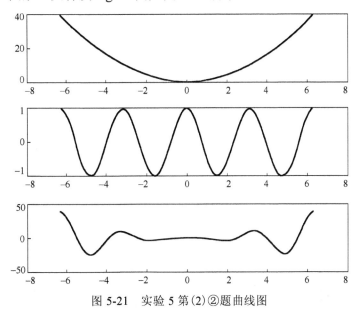

图 5-21　实验 5 第(2)②题曲线图

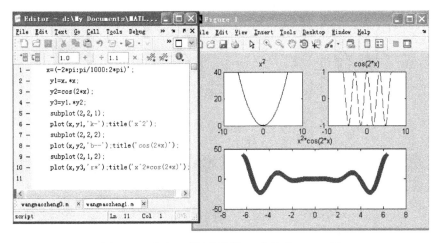

图 5-22　实验 5 第(2)②题 M 文件及 figure 图

第③题程序如下：

```
x=linspace(-2*pi,2*pi,500)
y1=x.^2;
y2=cos(2*x);
y3=y1.*y2;
subplot(2,2,1);
bar(x,y2,'k');title('bar(x,y2,"k")');
axis([-2*pi,2*pi,-1,1]);
subplot(2,2,2);
stairs(x,y2,'r');title('stairs(x,y2,"r")');
```

```
axis([-2*pi,2*pi,-1,1]);
subplot(2,2,3);
stem(x,y2,'b');title('stem(x,y2,"b")');
subplot(2,2,4);
fill(x,y2,'g');title('fill(x,y2,"g")');
axis([-2*pi,2*pi,-1,1]);
```

　　将以上程序建立 M 文件或直接在命令窗口中输进去，运行程序结果如图 5-23 所示，其在 MATLAB 中的 M 文件及 figure 图如图 5-24～图 5-26 所示。

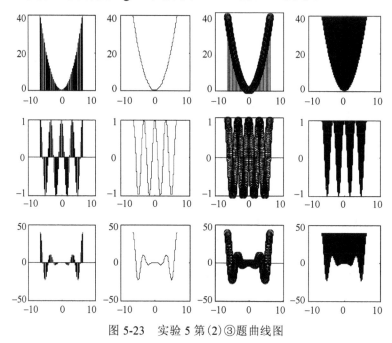

图 5-23　实验 5 第(2)③题曲线图

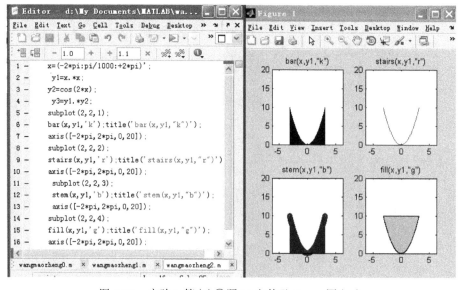

图 5-24　实验 5 第(2)③题 M 文件及 figure 图(一)

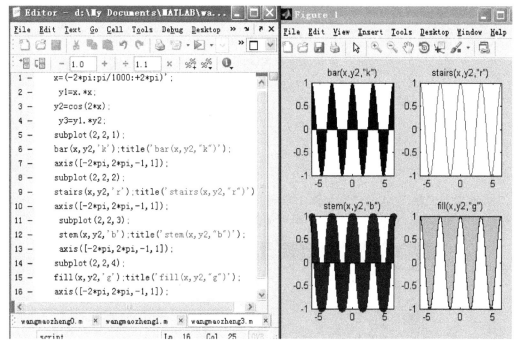

图 5-25 实验 5 第(2)③题 M 文件及 figure 图(二)

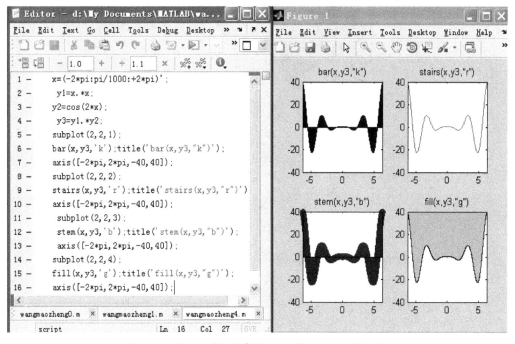

图 5-26 实验 5 第(2)③题 M 文件及 figure 图(三)

绘制图形。

(1)某企业全年各季度的产值(单位:万元)分别为 2347,1827,2043,3025,试用饼图作统计分析。

(2)绘制复数的相量图：7+2.9i、2−3i 和−1.5−6i。

程序如下：

```
subplot(1,2,1);
pie([2347,1827,2043,3025]);
title('饼图');
legend('一季度','二季度','三季度','四季度');
subplot(1,2,2);
compass([7+2.9i,2-3i,-1.5-6i]);
title('相量图')
```

将以上程序建立 M 文件或直接在命令窗口中输进去，其中 pie 函数用来绘制饼图，compass 用来绘制相量图，运行程序得到如图 5-27 所示曲线。

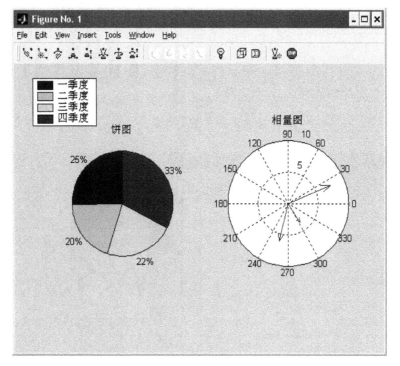

图 5-27　企业产值饼图与向量图

(3)分别以条形图、阶梯图、杆图和填充图形式绘制曲线 $y=2\sin(x)$。

程序如下：

```
x=0:pi/10:2*pi;
y=2*sin(x);
subplot(2,2,1);bar(x,y,'g');
title('bar(x,y,''g'')');axis([0,7,-2,2]);
subplot(2,2,2);stairs(x,y,'b');
title('stairs(x,y,''b'')');axis([0,7,-2,2]);
subplot(2,2,3);stem(x,y,'k');
title('stem(x,y,''k'')');axis([0,7,-2,2]);
```

```
subplot(2,2,4);fill(x,y,'y');
title('fill(x,y,''y'')');axis([0,7,-2,2]);
```

将以上程序建立 M 文件或直接在命令窗口中输进去，运行程序得到如图 5-28 所示曲线。

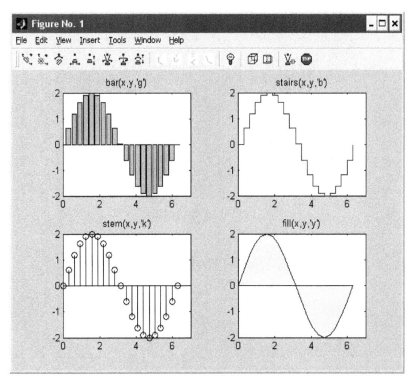

图 5-28　函数 $y=2\sin(x)$ 的图形

（4）分别绘制绘函数 $x^2+y^2-9=0$，$x^3+y^3-5xy+1/5=0$，$\cos(\tan(\pi x))$ 以及 $x=8\cos t$，$y=4\sqrt{2}\sin t$ 的图形。

程序如下：

```
subplot(2,2,1);
ezplot('x^2+y^2-9');axis equal
subplot(2,2,2);
ezplot('x^3+y^3-5*x*y+1/5')
subplot(2,2,3);
ezplot('cos(tan(pi*x))',[0,1])
subplot(2,2,4);
ezplot('8*cos(t)','4*sqrt(2)sin(t))
```

其中，ezplot 函数用来求隐函数图形，它的调用格式为

ezplot(f)：在默认区间 $-2\pi<x<2\pi$ 绘制 $f=f(x)$ 的图形；

ezplot($f,[a,b]$)：在区间 $a<x<b$ 绘制 $f=f(x)$ 的图形。

将以上程序建立 M 文件或直接在命令窗口中输进去，运行程序得到曲线如图 5-29 所示。

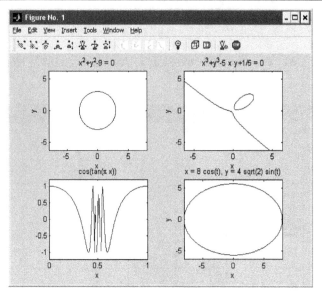

图 5-29 隐函数绘制图形

实验 6 MATLAB 的三维绘图

1．实验目的

(1)掌握绘制三维图形的常用函数。
(2)掌握对象属性的基本操作。
(3)掌握利用图形对象进行绘图的操作方法。

2．实验要求

(1)掌握图形交互指令的使用。
(2)掌握图形属性的基本操作。
(3)学会利用图形对象进行图形操作。

3．实验内容

(1)先利用缺省属性绘制曲线 $y = x^2 e^{2x}$，然后通过图形句柄操作来改变曲线的颜色、线型和线宽，并利用文字对象给曲线添加文字标注。

程序如下：

```
x=linspace(-2*pi,2*pi,500);
y=x.^2.*exp(2*x);
h=plot(x,y);
set(h,'Color','r','LineStyle',':','LineWidth',5);
```

将以上程序建立 M 文件或直接在命令窗口中输进去，运行程序结果如图 5-30 所示。

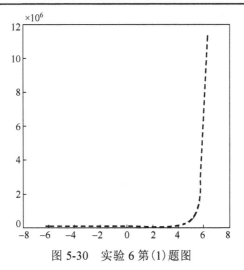

图 5-30　实验 6 第(1)题图

(2)利用曲面对象绘制曲线 $v(x,t)=10\mathrm{e}^{-0.01x}\sin(200\pi t-0.2x+\pi)$，并要求分别绘制在曲面 $x-y$、$x-z$、$y-z$ 的投影。

程序如下：

```
a=linspace(-2*pi,2*pi,40);
b=linspace(-2*pi,2*pi,40);
[x,t]=meshgrid(a,b);
v=10*exp(-0.01*x).*sin(2000*pi*t-0.2*x+pi);
axes('view',[-37.5,30]);
h=surface(x,t,v,'FaceColor','w','EdgeColor','flat');
grid on
title('函数图像如下')
set(h,'FaceColor','flat');
```

将以上程序建立 M 文件或直接在命令窗口中输进去，运行程序结果如图 5-31 所示。

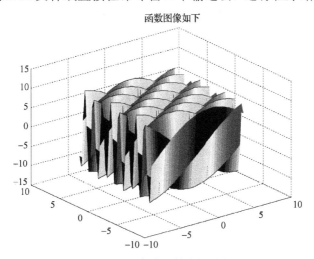

图 5-31　实验 6 第(2)题图

(3)采用图形保持,在同一坐标内绘制曲线 $y_1 = 0.2\mathrm{e}^{-0.5x}\cos(4\pi x)$ 和 $y_2 = 2\mathrm{e}^{-0.5x}\cos(\pi x)$。
程序如下:

```
x=0:pi/100:2*pi;
y1=0.2*exp(-0.5*x).*cos(4*pi*x);
plot(x,y1)
hold on
y2=2*exp(-0.5*x).*cos(pi*x);
plot(x,y2);
hold off
```

将以上程序建立 M 文件或直接在命令窗口中输进去,运行程序得到图 5-32。

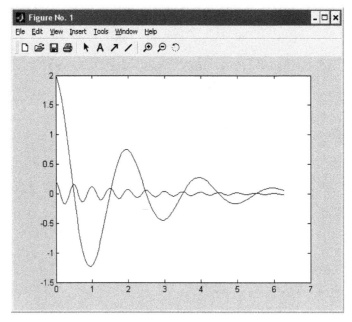

图 5-32 $y_1=0.2\mathrm{e}^{-0.5x}\cos(4\pi x)$ 和 $y_2=2\mathrm{e}^{-0.5x}\cos(\pi x)$ 的曲线

绘制三维图形。

(1)绘制魔方阵的三维条形图。

(2)以三维杆图形式绘制曲线 $y=2\sin(x)$。

(3)已知 $x=[2347,1827,2043,3025]$,绘制饼图。

(4)用随机的顶点坐标值画出五个黄色三角形。

程序如下:

```
subplot(2,2,1);
bar3(magic(4))
subplot(2,2,2);
y=2*sin(0:pi/10:2*pi);
stem3(y);
subplot(2,2,3);
pie3([2347,1827,2043,3025]);
```

```
subplot(2,2,4);
fill3(rand(3,5),rand(3,5))
```

将以上程序建立 M 文件或直接在命令窗口中输进去，运行程序得到图 5-33 运行结果。

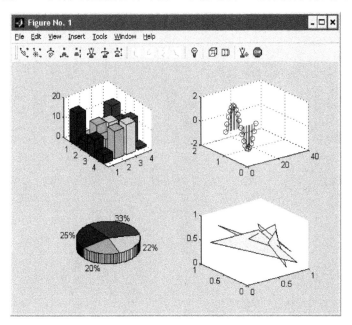

图 5-33 三维绘图

3 种图形着色方式的效果展示如图 5-34 所示。

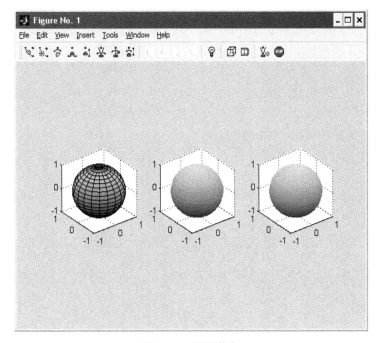

图 5-34 图形着色

程序如下：

```
[x,y,z]=sphere(20);
colormap(copper);
subplot(1,3,1);
surf(x,y,z);
axis equal
subplot(1,3,2);
surf(x,y,z);shading flat;
axis equal
subplot(1,3,3);
surf(x,y,z);shading interp;
axis equal
```

第6章　MATLAB 符号运算

数学计算有数值计算与符号计算之分。这两者的根本区别是：数值计算的表达式、矩阵变量中不允许有未定义的自由变量，而符号计算可以含有未定义的符号变量。MATLAB 功能强大，而 MATLAB 的符号运算是 MATLAB 的基本特性。MATLAB 符号运算是通过符号数学工具箱(symbolic math toolbox)来实现的。MATLAB 符号数学工具箱是建立在功能强大的 Maple 软件的基础上的，当 MATLAB 进行符号运算时，它就请求 Maple 软件去计算并将结果返回给 MATLAB。因此符号运算工具箱也是 MATLAB 的重要组成部分。通过本章的介绍，读者能够了解、熟悉并掌握符号运算的基本概念、主要内容与 MATLAB 符号运算函数命令的功能及其调用格式，为符号运算的应用打下基础。

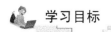 **学习目标**

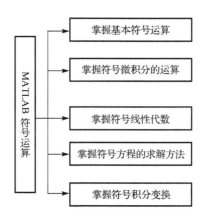

6.1　符号运算简介

科学与工程技术中的数值运算固然重要，但自然科学理论分析中各种各样的公式、关系式及其推导运算也很重要，这就是符号运算要解决的问题。它与数值运算一样，都是科学计算研究的重要内容。MATLAB 数值运算的对象则是非数值的符号对象。

符号对象是符号工具箱中定义的另一种数据类型。符号对象是符号的字符串表示。在符号工具箱中符号对象用于表示符号变量、表达式和方程。

6.1.1　符号变量、表达式的生成

以下是 MATLAB 中有两个函数用于符号变量、符号表达式的生成，这两个函数为 sym 和 syms，分别用于生成一个或多个符号对象。

1. sym 函数

sym 函数可以用于生成单个符号变量。该函数的调用格式为

```
s=sym(A)
```

如果参数 *A* 为字符串，则返回的结果为一个符号变量或者一个符号数值；如果 *A* 是一个数字或矩阵，则返回的结果为该参数的符号表示。

```
x=sym('x')
```

该命令创建一个符号变量，该变量的内容为 *x*，表达为 *x*。还可以指定变量的数学属性，具体格式如下：

```
s=sym('s','real')        %声明变量 s 为实数类型
s=sym('s','real')        %指定符号变量 s 为实数
s=sym('s','unreal')      %声明变量为非实数类型
s=sym('s','positive')    %声明变量为整数类型
s=sym(A,flag)
```

其中，参数 flag 可以为 "r"，"d"，"e" 或者 "f" 中的一个。该函数将数值标量或者矩阵转化为参数形式，该函数的第 2 个参数用于指定浮点数转化的方法。

以下是用 sym 命令定义 3 个变量的方法：

```
x=sym('x')          %创建变量 x
y=sym('y')          %创建变量 y
z=sym('z')          %创建变量 z
```

2. syms 函数

函数 sym 一次只能定义一个符号变量，使用不方便。MATLAB 提供了另一个函数 syms，一次可以定义多个符号变量。syms 函数的一般调用格式为

```
syms 符号变量名 1 符号变量名 2...符号变量名 n
```

不要在变量名上加上字符串分界符(')，变量分隔用空格而不用逗号分隔。

注意：syms 一次可以定义多个符号变量；syms 命令、sym 命令是两种符号表达的方式；syms x y real 等价于 x=sym('x', 'real')；y=sym('y', 'real')。

例 6-1　sym 命令与 syms 命令的区别。

sym 命令：

```
a=sym a
b=sym b
y=a*b
f=y^3-y^2-y
f=
a^3*b^3-a^2*b^2-a*b
```

syms 命令：

```
syms a b
y=a*b
f=y^3-y^2-y
f=
a^3*b^3-a^2*b^2-a*b
```

含有符号对象的表达式称为符号表达式。建立符号表达式有以下 2 种方法。

(1)用 sym 函数建立符号表达式。

例 6-2　用 sym 函数建立符号表达式 $y = ax^2 + bx$ 和 $y = e^{x+3} - \sqrt{x}$ 。

① $y = ax^2 + bx$

第一步：在 MATLAB 命令窗口中输入如下命令。

```
y=sym('a*x^2+b*x')   %括号的内容必须是字符串
```

第二步：按 Enter 键，得到的结果如下。

```
y=
a*x^2+b*x
```

② $y = e^{x+3} - \sqrt{x}$

第一步：在 MATLAB 命令窗口中输入如下命令。

```
y=sym('exp(x+3)-sqrt(x)')
```

第二步：按 Enter 键，得到的结果如下。

```
y=
exp(x+3)-x^(1/2)
```

(2)使用已经定义的符号变量组成符号表达式。

例 6-3　建立表达式 $y = \sin(xy)$ 。

方法一：

```
syms x y
y=sym(sin(x*y))
y=
sin(x*y)
```

方法二：

```
syms x y
y=sin(x*y)
y=
sin(x*y)
```

符号矩阵也是一种符号表达式。符号表达式运算都可以在矩阵意义下进行。符号矩阵创建方法：

```
syms a b c d
A=[a b;c d]
```

```
B=[a c;b d]
ans=
[a^2+b^2,a*c+b*d]
[a*c+b*d,c^2+d^2]
```

MATLAB 还有一些专用于符号矩阵的函数，这些函数作用于单个的数据无意义。例如
transpose(A)：返回 A 矩阵的转置矩阵；

det(A)：返回 A 矩阵的行列式值。

其实，许多应用于数值矩阵的函数，如 diag、triu、tril、inv、rank、eig 等，也可直接应用于符号矩阵。

例 6-4　求矩阵 $A = \begin{pmatrix} 11 & -1 & 0 \\ 9 & 3 & 5 \\ -4 & 2 & 8 \end{pmatrix}$ 转置矩阵和行列式值。

第一步：在 MATLAB 命令窗口中输入如下命令。

```
A=[11 -1 0;9 3 5;-4 2 8]
  t=transpose(A)
d=det(A)
```

第二步：按 Enter 键，得到的结果如下。

```
A =
    11    -1     0
     9     3     5
    -4     2     8
t =
    11     9    -4
    -1     3     2
     0     5     8
d =
   246
```

6.1.2　findsym 函数和 subs 函数

1. findsym 函数

MATLAB 中的符号可以表示符号变量和符号常量。findsym 可以帮助用户查找一个符号表达式中的符号变量（自变量）。该函数的调用格式为

```
findsym(s,n)
```

findsym 函数通常由系统自动调用，在进行符号运算时，系统调用该函数确定表达式中的符号变量，执行相应的操作。函数返回符号表达式 s 中的 n 个符号变量，若没有指定，则返回 s 中的全部符号变量。优先选择靠近 x 的小写字母和 x 后面的字母。

例 6-5　已知函数 $f = z^x + x^y + y^z$，分别查找 1 个，2 个及全部符号变量。

运行程序如下：

```
syms x y z
f=z^x+x^y+y^z
```

```
findsym(f,1)
ans=
x
findsym(f,2)
ans=
x,y
findsym(f)
ans=
x,y,z
```

2. subs 函数

subs 是单词 substitution 的缩写，意思就是"替代"。函数 subs 可以用指定的符号替换表达式中的某一个特定语句。该函数的调用格式为

```
R=subs(S)
```

对于 S 中出现的全部符号变量，如果在调用函数或者工作区间中存在相应值，则将值代入，如果没有相应值，则对应的变量保持不变：

```
R=subs(S,new)
```

用新的符号变量替换 S 中的默认变量，即由 findsym 函数返回的变量；

```
R=subs(R,old,new)
```

用新的符号变量替换 S 中的变量，被替换的变量由 old 指定，如果 new 是数字形式的符号，则数值代替原来的符号计算表达式的值，所得结果仍是字符串形式；如果 new 是矩阵，则将 S 中的所有 old 替换成 new，并将 S 中的常数项扩充为与 new 维数相同的常数矩阵。

例 6-6　已知 $f = ax^2 + bx + c$，分别求出 x 被替换成 2 时的函数，a 值被替换成 3 时的函数，以及 a、b、c 分别被替换为 3、4、5 时对应的函数。

第一步：在 MATLAB 命令窗口中输入如下命令。

```
syms a b c x
f=a*x^2+b*x+c
y=subs(f,2)
z=subs(f,a,3)
s=subs(f,[a,b,c],[3,4,5])
```

第二步：按 Enter 键，得到的结果如下。

```
f =
a*x^2+b*x+c
y =
4*a+2*b+c
z =
3*x^2+b*x+c
s =
3*x^2+4*x+5
```

6.1.3　符号和数值之间的转换

在 6.1.1 节中已经介绍了 sym 函数，该函数用于生成符号变量，也可以将数值转化为符号变量，格式为

```
s=sym(A,flag)
```

转化的方式由参数"flag"确定，它也可以为"r"、"f"、"e"、"d"，默认的为"r"。"r"代表有理数格式，"f"代表浮点数格式，"e"代表有理误差格式，"d"代表十进制格式。

sym 的另一个重要作用是将数值矩阵转化为符号矩阵，而 eval 可以将符号表达式变换成数值表达式。

例 6-7　已知 $y=\sqrt{3}$，分别输出浮点格式、有理格式、有理误差格式以及十进制格式时的值。

解　输入 $y=\sqrt{3}$，程序如下：

```
>> y=sqrt(3)
```

(1)浮点格式：

```
>> sym(y,'f')
ans =
3900231685776981/2251799813685248
```

(2)有理格式：

```
>> sym(y,'r')
ans =
3^(1/2)
```

(3)有理误差格式：

```
>> sym(y,'e')
ans =
3^(1/2)- (268*eps)/593
```

(4)十进制格式：

```
>> sym(y,'d')
ans =
1.7320508075688771931766041234368
```

6.1.4　任意精度的计算

符号计算的一个非常显著的特点是：在计算过程中不会出现舍入误差，从而可以得到任意精度的数值解。如果希望计算结果精确，可以用符号计算来获得足够高的计算精度。符号计算相对于数值计算而言，需要更多的计算时间和存储空间。

MATLAB 工具箱中有以下 3 种不同类型的算术运算。

数值类型：MATLAB 的浮点数运算；

有理数类型：Maple 的精确符号运算；

VPA 类型：Maple 的任意精度算术运算。

在以上 3 种运算中，浮点运算速度最快，所需的内存空间小，但是其结果精确度最低。双精度数据的输出位数由 format 命令控制，但是在内部运算时采用的是计算机硬件所提供的八位浮点运算。而且，在浮点运算的每一步，都存在一个舍入误差，如上面的运算中存在三步舍入误差：计算 1/3 的舍入误差，计算 1/2+1/3 的舍入误差，以及将最后结果转化为十进制输出时的舍入误差。

符号运算中的有理数运算，其时间复杂度和空间复杂度都是最大的，但是，只要时间和空间允许，都能够得到任意精度的结果。

可变精度的运算速度和精度均位于上面两种运算之间。其具体精度由参数指定，参数越大，精度越高，运行越慢。

6.1.5　创建符号方程

1.　创建抽象方程

MATLAB 中可以创建抽象方程，即只有方程符号，没有具体表达式的方程。若要创建方程，并计算其一阶微分的方法如下。

```
>> f=sym('f(x)');
>> syms x h;
>> df = (subs(f,x,x+h)-f)/h
df =
(f(x+h)-f(x))/h
```

抽象方程在积分变换中有着很多的应用。

2.　创建符号方程

创建符号方程的方法有两种：利用符号表达式创建和创建 M 文件。

利用符号表达式创建的步骤是，先创建符号变量，通过符号变量的运算生成符号函数直接生成符号表达式。而利用 M 文件创建符号方程的步骤就是先利用 M 文件创建的函数，可以接受任何符号变量作为输入，作为生成函数的自变量。

6.2　符号表达式的化简与替换

6.2.1　符号表达式的化简

MATLAB 中可以实现符号表达式化简的函数有 collect、expand、horner、factor、simplify、simple。

1.　collect

collect 函数用于合并同类项，具体调用格式为

```
R=collect(S)
```

合并同类项。其中 S 可以是数组，数组的每个元素为符号表达式。该命令将 S 中的每个元素进行合并同类项。

```
R=collect(S,v)
```

对指定的变量 v 进行合并，如果不指定，则默认为对 x 进行合并，或者由 findsym 函数返回的结果进行合并。

例 6-8 对函数进行 $z = x^3 y + xy^2 - 2x - 3y$ 合并。

第一步：在 MATLAB 命令窗口中输入如下命令。

```
>> syms x y
>>z=collect(x^2*y+x*y^2-2*x-3*y)
```

第二步：按 Enter 键，得到的结果如下。

```
z =y*x^2 + (y^2 - 2)*x - 3*y
```

2．expand

expand 函数用于符号表达式的展开。其操作对象可以是多种类型，如多项式、三角函数、指数函数等。用户可以利用 expand 函数对任意的符号表达式进行展开。

例 6-9 展开表达式 $y = e^{x+1}$。

第一步：在 MATLAB 命令窗口中输入如下命令。

```
>> syms x
>> y=exp(x+1)
>> expand(y)
```

第二步：按 Enter 键，得到的结果如下。

```
ans =
exp(1)*exp(x)
```

3．horner

horner 函数将函数转化为嵌套格式。嵌套格式在多项式求值中可以降低计算的时间复杂度。该函数的调用格式为

```
R=horner(P)
```

其中，P 为由符号表达式组成的矩阵，该命令将 P 中的所有元素转化为相应的嵌套形式。

例 6-10 对 $y = x^3 - 6x^2 + 11x - 6$ 进行化解。

第一步：在 MATLAB 命令窗口中输入如下命令。

```
>> syms x
>> y=horner(x^3-6*x^2-11*x-6)
```

第二步：按 Enter 键，得到的结果如下。

```
y =x*(x*(x - 6)- 11)- 6
```

4. factor 和 simplify

factor 函数实现因式分解功能，如果输入的参数为正整数，则返回此数的素数因数。函数 simplify(s)：应用函数规则对 s 进行化简。表达式中可以包含和式、方根、分数乘方、指数函数、对数函数、三角函数、贝塞尔函数、超越函数等。

例 6-11　对表达式 $y = x^3 - x^2 - 10x - 8$ 进行因式分解。

第一步：在 MATLAB 命令窗口中输入如下命令。

```
>> syms x
>> factor(x^3-x^2-10*x-8)
```

第二步：按 Enter 键，得到的结果如下。

```
ans =
(x - 4)*(x + 2)*(x + 1)
```

例 6-12　对表达式 $y = s^2 + 4s + 4$ 进行因式分解。

第一步：在 MATLAB 命令窗口中输入如下命令。

```
>> syms s
>> y=s^2+4*s+4
>> simplify(y)
```

第二步：按 Enter 键，得到的结果如下。

```
ans =(s + 2)^2
```

5. simple

simple 函数同样实现表达式的化简，并且该函数可以自动选择化简所选择的方法，最后返回表达式的最简单的形式。函数的化简方法包括 simplify、combine(trig)、radsimp、convert(exp)、collect、factor、expand 等。该函数的调用格式为

```
r=simple(S)
```

该命令尝试多种化简方法，显示全部化简结果，并且返回最简单的结果；如果 S 为矩阵，则返回使矩阵最简单的结果，但是对于每个元素而言，则并不一定是最简单的。

```
[r,how]=simple(S)
```

该命令在返回化简结果的同时返回化简所使用的方法。

6.2.2　符号表达式的替换

在 MATLAB 中，可以通过符号替换使表达式的形式简化。符号工具箱中提供了两个函数用于表达式的替换：subexpr 和 subs。subs 在前面的章节已经介绍过了，这里不再具体讲解。下面只介绍 subexpr。

subexpr 函数自动将表达式中重复出现的字符串用变量替换，该函数的调用格式为

```
[Y,SIGMA]=subexpr(X,SIGMA)
```

指定用符号变量 SIGMA 来代替符号表达式(可以是矩阵)中重复出现的字符串。替换后的结果由 Y 返回，被替换的字符串由 SIGMA 返回。

```
[Y,SIGMA]=subexpr(X,'SIGMA')
```

该命令与上面的命令不同之处在于第二个参数为字符串，该命令用来替换表达式中重复出现的字符串。

符号表达式求极限。极限是微积分的基础，微分和积分都是"无穷逼近"时的结果。在 MATLAB 中函数 limit 用于求表达式的极限。该函数的调用格式如下。

(1) $\mathrm{limit}(f,x,a)$：求符号函数 $f(x)$ 的极限值，即计算当变量 x 趋近于常数 a 时，$f(x)$ 函数的极限值。

(2) $\mathrm{limit}(f,a)$：求符号函数 $f(x)$ 的极限值。由于没有指定符号函数 $f(x)$ 的自变量，则使用该格式时，符号函数 $f(x)$ 的变量为函数 findsym(f) 确定的默认自变量，即变量 x 趋近于 a。

(3) $\mathrm{limit}(f)$：求符号函数 $f(x)$ 的极限值。$f(x)$ 的变量为函数 findsym(f) 确定的默认变量；没有指定变量的目标值时，系统默认变量趋近于 0，即 $a=0$ 的情况。

(4) $\mathrm{limit}(f,x,a,\text{'right'})$：求符号函数 f 的极限值。right 表示变量 x 从右边趋近于 a。

(5) $\mathrm{limit}(f,x,a,\text{'left'})$：求符号函数 f 的极限值。left 表示变量 x 从左边趋近于 a。

例 6-13　求 $f(x)=\lim\limits_{x\to 0}\dfrac{\sin x}{x}$、$g(x)=\lim\limits_{y\to 0}\sin(x+2y)$ 的极限。

第一步：在 MATLAB 命令窗口中输入如下命令。

```
>> syms x y
f1=sin(x)/x;
f2=sin(x+2*y);
f=limit(f1)
g=limit(f2,y,0)
```

第二步：按 Enter 键，得到的结果如下。

```
f =1
g =sin(x)
```

例 6-14　求下列极限。

(1) $\lim\limits_{x\to 0}\dfrac{1-\cos x}{x^2}$　　　(2) $\lim\limits_{x\to\infty}\dfrac{\mathrm{e}^x-\mathrm{e}^{-x}}{\mathrm{e}^x+\mathrm{e}^{-x}}$

(1) 第一步：在命令窗口输入如下程序。

```
>> sym x
>> y=(1-cos(x))/x^2
>> f=limit(y)
```

第二步：按 Enter 键，得到的结果如下。

```
f=1/2
```

(2)第一步：求当 x 趋于 $+\infty$ 时 y 函数的极限。

```
>> sym x
>> y=(exp(x)-exp(-x))/(exp(x)+exp(-x))
>> f1=limit(y,x,Inf)
```

结果为

```
f1=1
```

第二步：求当 x 趋于 $-\infty$ 时 y 函数的极限。

```
>> sym x
>> y=(exp(x)-exp(-x))/(exp(x)+exp(-x))
>> f2=limit(y,x,-Inf)
```

结果为

```
f2 =-1
```

因为 f_1 不等于 f_2，所以极限不存在。

注意：这里的 Inf 和（-Inf）分别表示正无穷大和负无穷小。

 导入案例

黛安娜想去看电影，她从小猪存钱罐倒出硬币并清点，她发现：

(1)5 美分和 1 美分的硬币总数的一半加上 10 美分的硬币总数等于 25 美分的硬币数。

(2)1 美分的硬币数比 5 美分、10 美分以及 25 美分的硬币总数少 10。

(3)25 美分和 10 美分的硬币总数等于 1 美分的硬币数加上 1/4 的 5 美分的硬币数。

(4)25 美分的硬币数和 1 美分的硬币数比 5 美分的硬币数加上 8 倍的 10 美分的硬币数少 1。

如果电影票价为 3 美元，爆米花为 1 美元，糖棒为 50 美分，她有足够的钱去买这 3 样东西吗？

解　第一步：根据以上给出的信息列出一组线性方程，设 y、w、s 和 e 分别表示 1 美分、5 美分、10 美分、25 美分的硬币数，得出以下方程组：

$$\begin{cases} s+\dfrac{y+w}{2}=e \\ w+s+e-10=y \\ e+s=y+\dfrac{w}{4} \\ e+y=w+8s-1 \end{cases}$$

第二步：建立 MATLAB 符号方程并对变量求解。

```
>> syms y w s e
>> y1=s+(y+w)/2-e
>> y2=y-w-s-e+10
>> y3=e+s-y-w/4
```

```
>> y4=e+y-w-8*s+1
>> [eswy]=solve(y1,y2,y3,y4,y,w,s,e)
```

结果为：$e=15$，　$s=3$，　$w=8$，　$y=16$。

所以，黛安娜有 16 枚 1 美分的硬币，8 枚 5 美分的硬币，3 枚 10 美分的硬币，15 枚 25 美分的硬币，这就意味着

```
money=.01*16+.05*8+.10*3+.25*15
money=
4.6100
```

她就有足够的钱去买电影票、爆米花和糖棒并剩余 11 美分。

实验 7　符 号 运 算

1. 实验目的

(1)掌握符号对象的创建和符号表达式化解的基本方法。
(2)掌握符号微积分以及符号方程的求解。

2. 实验内容

(1)把 $y=2\tan x\sec x$ 转换为符号变量。
程序如下：

```
>> f=sym('2*tanx*secx')
```

结果：

```
f =
2*secx*tanx
```

(2)对方程 $y=x^5+x^3+2x$ 进行因式分解。
程序如下：

```
>> syms x
>> y=x^5+x^3+2*x
>> f=factor(y)
```

结果：

```
f =
x*(x^4 + x^2 + 2)
```

(3)求 $y=\tan(x+y)$ 的展开式。
程序如下：

```
>> syms x y
>> y=tan(x+y)
>> f=expand(y)
```

结果：

```
f =
-(tan(x)+ tan(y))/(tan(x)*tan(y)- 1)
```

(4)计算 $\lim\limits_{x\to 0}\dfrac{\sqrt{x+1}-1}{x}$ 的极限。

程序如下：

```
>> syms x
>> y=(sqrt(x+1)-1)/x
>> f=limit(y)
```

结果：

```
f =
1/2
```

第一步：在命令窗口输入如下程序。

```
>> syms n
>> f=tan(x+2)
>> F=ztrans(f)
```

第二步：按 Enter 键，得到的结果如下。

```
F =z^2*ztrans(tan(x), x, z)- z*tan(1)
```

(5)计算函数 $y=\sqrt{x+\sqrt{x}}$ 的倒数。

程序如下：

```
>> syms x
>> y=sqrt(x+sqrt(x))
>> f=diff(y)
```

结果：

```
f =
(1/(2*x^(1/2))+ 1)/(2*(x + x^(1/2))^(1/2))
```

(6)求 $\displaystyle\int_0^{\frac{\pi}{2}}\dfrac{x+\sin x}{1+\cos x}\mathrm{d}x$ 。

程序如下：

```
>> syms x
>> y=(x+sin(x))/(1+cos(x))
>> f=int(y,x,0,pi/2)
```

结果：

```
f =
pi/2
```

(7) 求 $\displaystyle\sum_{n=1}^{100}(n-1)n^2$。

程序如下:

```
>> syms n
>> y=(n-1)*n^2
>> f=symsum(y,1,100)
```

结果:

```
f =
25164150
```

(8) 求方程组 $\begin{cases}2x-y+6z=15\\x+3y-3z=3\\x+y+5z=19\end{cases}$ 的解。

程序如下:

```
>> syms x y z
>> e1=2*x-y+6*z-15
>> e2=x+3*y-3*z-3
>> e3=x+y+5*z-19
>> [x,y,z]=solve(e1,e2,e3)
```

结果:

```
x =9/16
y =15/4
z =47/16
```

第7章　MATLAB 在控制系统中的应用

要对控制系统进行计算及仿真，必须先对控制系统建立数学模型。数学模型是控制系统仿真的基础。微分方程、传递函数、动态结构图是自动控制技术里的 3 类基本数学模型。线性定常时不变(LTI)系统的 3 种对象(tf 对象、zpk 对象与 ss 对象)与 Simulink 模型对象都是基于传递函数的，它们是 MATLAB 里的概念。通过本章的介绍，读者能够熟悉并学会建立控制系统的数学模型，还能对方框图模型进行化简，为自动控制原理的 MATLAB 实现打下基础。本章使用的最重要的 MATLAB 函数命令有 set、tf、zpk、ss 等。

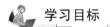 学习目标

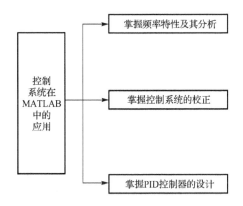

7.1　频　率　特　性

频率特性：利用在异常体上实测的频率特性曲线，可以确定异常体引起异常的最佳频率；对比实测和理论频率特性曲线可以对所获得的资料进行半定量解释。在 RLC 串联电路中，感抗和容抗要随电压频率的变化而变化，所以电路阻抗的模、阻抗角、电流、电压等各量都将随频率变化，这种变化关系叫频率特性。系统的频率特性有两种，由反馈点是否断开分为闭环频率特性 $\phi(jw)$ 和开环频率特性 $G_k(jw)$，分别对应于系统的闭环传递函数 $\phi(s)$ 与开环传递函数 $G_k(s)$。由于系统的开环传递函数较易获取，并与系统的元件一一对应，在控制系统的频率分析中，分析与设计系统一般是基于系统的开环频率特性。

7.2　频率响应分析

1. 用 Nyquist 曲线判断系统的稳定性

MATLAB 提供了函数 nyquist 来绘制系统的 Nyquist 曲线，若例 2-1 系统中分别

取 $K=4$ 和 $K=10$(图 7-1 为阶跃响应曲线),通过 Nyquist 曲线判断系统的稳定性,程序如下:

```
num1=[4];num2=[10];
den1=[1,3,2,0];
gs1=tf(num1,den1);
gs2=tf(num2,den1);
hs=1;
gsys1=feedback(gs1,hs);
gsys2=feedback(gs2,hs);
t=[0:0.1:25];
figure(1);
subplot(2,2,1);step(gsys1,t)
subplot(2,2,3);step(gsys2,t)
subplot(2,2,2);nyquist(gs1)
subplot(2,2,4);nyquist(gs2)
```

Nyquist 稳定判据的内容是:若开环传递函数在 s 半平面上有 P 个极点,则当系统角频率 X 由 $-\infty$ 变到 $+\infty$ 时,如果开环频率特性的轨迹在复平面上顺时针围绕 $(-1, j_0)$ 点转 P 圈,则闭环系统稳定;否则,闭环系统不稳定。

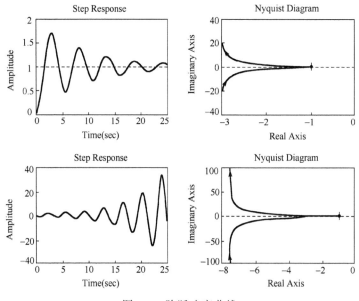

图 7-1　阶跃响应曲线

从图 7-2 中 $K=4$ 可以看出,当 $K=4$ 时,Nyquist 曲线不包围 $(-1, j_0)$ 点,同时开环系统所有极点都位于左半平面,因此,根据 Nyquist 稳定判据判定以此构成的闭环系统是稳定的,这一点也可以从图 7-2 中 $K=4$ 系统单位阶跃响应得到证实,从图 7-2 中 $K=4$ 可以看出系统约 23s 后就渐渐趋于稳定。当 $K=10$ 时,从图 7-3 中 $K=10$ 可以看出,Nyquist 曲线按逆时针包围 $(-1, j_0)$ 点 2 圈,但此时 $P=0$,所以据 Nyquist 稳定判据判定以此构成的闭环系统是不稳定的，图 7-2 中 K=10 的系统阶跃响应曲线也证实了这一点，系统振荡不定。

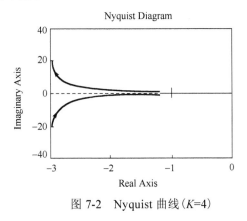 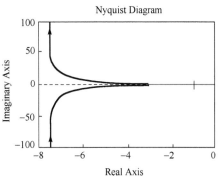

图 7-2　Nyquist 曲线(K=4)　　　　　　　图 7-3　Nyquist 曲线(K=10)

2. Bode 图法判断系统的稳定性

Bode 稳定判据实质上是 Nyquist 稳定判据的引申。本开环系统是最小相位系统，即 P=0，用 X_c 表示对数幅频特性曲线与横轴(0dB)交点的频率，X_g 表示对数相频特性曲线与横轴(–180°)交点的频率，则 Bode 稳定判据可表述如下。

在 P=0 时，若开环对数幅频特性比其对数相频特性先交于横轴，即 $X_c<X_g$，则闭环系统稳定；若开环对数幅频特性比其对数相频特性后交于横轴，即 $X_c>X_g$，则闭环系统不稳定；若 $X_c=X_g$，则闭环系统临界稳定。利用 MATLAB 生成 Bode 图的程序如下。

```
num1=[4];num2=[10];
den1=[1,3,2,0];
gs1=tf(num1,den1);
gs2=tf(num2,den1);
hs=1;
gsys1=feedback(gs1,hs);
gsys2=feedback(gs2,hs);
t=[0:0.1:25];
figure(1);
subplot(1,1,1);bode(gs1)
```

K=4 时开环系统的 Bode 图如图 7-4 所示。

由图 7-4 开环系统的 Bode 图可知，$X_c<X_g$，故当 K=4 时，闭环系统必然稳定。实际上，系统的控制 Bode 图还可用于系统相对稳定性的分析。

3. 利用系统特征方程的根判别系统稳定性

设系统特征方程为 $s^5+s^4+2s^3+2s^2+3s+5=0$，计算特征根并判别该系统的稳定性。在命令窗口输入下列程序，记录输出结果。

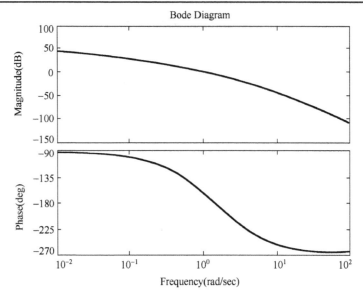

图 7-4 $K=4$ 时开环系统的 Bode 图

```
>> p=[1 1 2 2 3 5];
>> roots(p)
```

4. 用根轨迹法判别系统稳定性

对给定的系统的开环传递函数进行仿真。

(1)某系统的开环传递函数为 $G(s) = (0.25s+1)/(s(0.5s+1))$，在命令窗口(Command Window)中输入程序，记录系统闭环零极点图及零极点数据，判断该闭环系统是否稳定。

```
>> clear
>> n1=[0.25 1];
>> d1=[0.5 1 0];
>> s1=tf(n1,d1);
>> sys=feedback(s1,1);
>> P=sys.den{1};p=roots(P)
>> pzmap(sys)
>> [p,z]=pzmap(sys)
```

(2)某系统的开环传递函数为 $G(s) = K/s(s+1)(0.5s+1)$，在命令窗口中输入程序，记录系统开环根轨迹图、系统开环增益及极点，确定系统稳定时 K 的取值范围。

```
>> clear
>> n=[1];d=conv([1 1 0],[0.5 1]);
>> sys=tf(n,d);
>> rlocus(sys)
>> [k,poles]=rlocfind(sys)
```

5. 频率法判别系统稳定性

对给定系统的开环传递函数进行仿真。

（1）已知系统开环传递函数为 $G(s) = 75(0.2s+1)/(s(s^2+16s+100))$，在命令窗口中输入程序，用 Bode 稳定判据判别稳定性，记录运行结果，并用相应阶跃曲线验证（记录相应曲线）。

①绘制开环系统 Bode 图，记录数据。

```
>> num=75*[0 0 0.2 1];
>> den=conv([1 0],[1 16 100]);
>> sys=tf(num,den);
>> [Gm,Pm,Wcg,Wcp]=margin(sys)
>> margin(sys)
```

②绘制系统阶跃响应曲线，证明系统的稳定性。

```
>> num=75*[0 0 0.2 1];
>> den=conv([1 0],[1 16 100]);
>> s=tf(num,den);
>> sys=feedback(s,1);
>> t=0:0.01:30;
>> step(sys,t)
```

（2）已知系统开环传递函数为 $G(s) = 10000/(s(s^2+5s+100))$，在命令窗口中输入程序，用 Nyquist 稳定判据判别稳定性，记录运行结果，并用相应阶跃曲线验证（记录相应曲线）。

①绘制 Nyquist 图，判断系统稳定性。

```
>> clear
>> num=[10000];
>> den=[1 5 100 0];
>> GH=tf(num,den);
>> nyquist(GH)
```

②用阶跃响应曲线验证系统的稳定性。

```
>> num=[10000];
>> den=[1 5 100 0];
>> s=tf(num,den);
>> sys=feedback(s,1);
>> t=0:0.01:0.6;
>> step(sys,t)
```

6. 其他函数用法

（1）tf 用法：G=tf([2 1],[1 2 2])或用以下两种形式。

```
s=tf('s');              %定义 s 为传递函数拉普拉斯算子
G=(2s+1)/(s^2+2s+2);    %定义传递函数
```

其中生成的传递函数可以任意计算。

set(G)可以得到传递函数对象的属性,可以修改或预设其属性,例如下面几种用法。

```
G=tf([2 1],[1 2 2],'variable','p');        %修改使用的变量
G=tf([2 1],[1 2 2],'inputdelay',0.25);     %设置输入延迟,即 G=exp(-0.25s)
                                             (2s+1)/(s^2+2s+2)
G=tf([1 3 2],[1 5 7 3],0.1);               %设置离散情况的采样周期
```

(2)tfdata：获得 tf 模型传递函数的参数。

对于 SISO 系统：

```
G=tf([2 1],[1 2 2]);
[num,den]=tfdata(G,'v');
```

对于离散系统：

```
[num,den,Ts]=tfdata(G);
```

要得到系统的参数，可以直接引用传递函数的属性，如 G.den 等。

(3)zpk：生成零极点增益传递函数模型或转换成零极点模型。

```
G=zpk([-1,-3],[0,-2,-5],10);
```

tf 模型和 zpk 模型可相互转化。

```
G=tf([-10 20 0],[1 7 20 28 19 5])
sys=zpk(G);
```

(4)zpkdata：获取零极点增益模型的参数，其格式为

```
[z ,p ,k]=zpkdata(G,'v');
```

(5)filt()：生成 DSP 形式的离散传递函数。例如，生成采样时间为 0.5 的 DSP 形式传递函数 $(2+z^{-1})/(1+0.4z^{-1}+2z^{-2})$，程序如下：

```
H=filt([2 1],[1 0.4 2],0.5)          %求闭环传递函数
[num1,den1]=series([1],[1 1],[1 0],[1 0 2]);
[num2,den2]=feedback([1],[1 0 0],[50],[1]);
[num3,den3]=series(num1,den1,num2,den2);
[num,den]=feedback(num3,den3,[1 0 2],[1 0 0 14]);
sys=tf(num,den)
r=roots(den)
n=length(r);
for i=1:n
    if real(r(i))>0          %有的根实部大于 0,系统不稳定
disp('Bu wen ding!');
    end
    break;
end
disp('wen ding!');                    %所有的根实部小于等于 0,系统稳定
```

7.3　PID 控制器设计及其校正

7.3.1　PID 控制原理

模拟 PID 控制系统原理框图如图 7-5 所示。

PID 是一种线性控制器，它根据给定值 $r_{in}(t)$ 与实际输出值 $y_{out}(t)$ 构成控制方案：

$$e(t) = r(t) - y(t)$$

PID 的控制规律为

$$u(t) = K_{P}\left[e(t) + \frac{1}{T_{I}}\int_{0}^{t} e(t)\mathrm{d}t + T_{D}\frac{\mathrm{d}e(t)}{\mathrm{d}t} \right]$$

$$G(s) = \frac{U(s)}{E(s)} = K_{P}\left(1 + \frac{1}{T_{I}}s + T_{D}s \right)$$

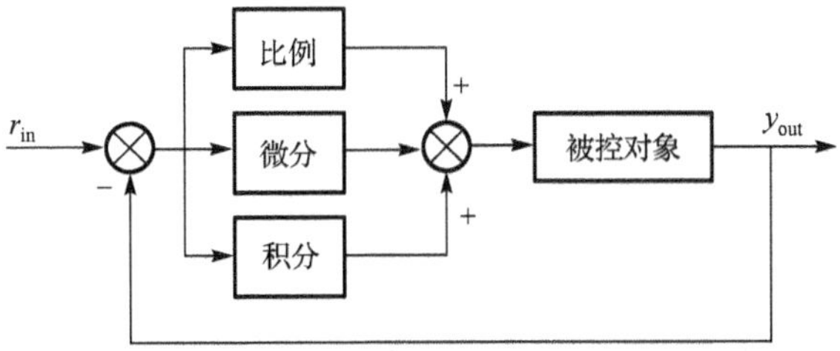

图 7-5　模拟 PID 控制系统原理图

PID 控制器各校正环节的作用如下。

比例环节：成比例地反映控制系统的偏差信号 $e(t)$，偏差一旦产生，控制器立即产生控制作用，以减小偏差。

积分环节：主要用于消除静差，提高系统的误差度。积分作用的强弱取决于积分时间常数 T，T 越大，积分作用越弱，反之则越强。

微分环节：反映偏差信号的变化趋势，并能在偏差信号变得太大之前，在系统中引入一个有效的早期修正信号，从而加快系统的动作速度，减少调节时间。

7.3.2　PID 控制器设计

PID（比例-积分-微分）控制器是目前在实际工程中应用最为广泛的一种控制策略。PID 算法简单实用，不要求受控对象的精确数学模型。

1. PID 控制器的传递函数

1）连续 PID 控制器

连续 PID 控制器原理图如图 7-6 所示。

连续系统 PID 控制器的表达式为

$$u(t) = K_\mathrm{P}e(t) + K_\mathrm{I}\int_0^t e(t)\mathrm{d}t + K_\mathrm{D}\frac{\mathrm{d}e(t)}{\mathrm{d}t}$$

连续 PID 控制器的传递函数：

$$G_\mathrm{C}(s) = K_\mathrm{P} + \frac{K_\mathrm{I}}{s} + K_\mathrm{D}s = K_\mathrm{P}\left(1 + \frac{1}{T_\mathrm{I}}s + T_\mathrm{D}s\right)$$

为了避免纯微分运算，通常采用近似的 PID 控制器，其传递函数为

$$G_\mathrm{C}(s) = K_\mathrm{P}\left(1 + \frac{1}{T_\mathrm{I}}s + \frac{T_\mathrm{D}s}{0.1T_\mathrm{D}s+1}\right)$$

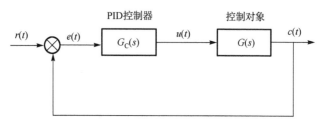

图 7-6　连续 PID 控制器原理图

2）离散 PID 控制器

离散 PID 控制器的表达式为

$$u(kT) = K_\mathrm{P}e(kT) + K_\mathrm{I}T\sum_{m=0}^{k}e(mT) + \frac{K_\mathrm{D}(e(kT)-e[(k-1)T])}{T}$$

简化后为

$$i(k) = K_\mathrm{P}e(k) + K_\mathrm{I}T\sum_0^k e(m) + \frac{K_\mathrm{D}(e(k)-e(k-1))}{T}$$

离散 PID 控制器的脉冲传递函数为

$$G_\mathrm{C}(z) = K_\mathrm{P} + \frac{K_\mathrm{I}}{1-z^{-1}} + K_\mathrm{D}(1-z^{-1})$$

2. PID 控制器各参数对控制性能的影响

PID 控制器的 K_P、K_I 和 K_D 3 个参数的大小决定了 PID 控制器的比例、积分和微分控制作用的强弱。

例 7-1　直流电动机速度控制系统如图 7-7 所示。采用 PID 控制方案，使用期望特性法来确定 K_P、K_I 和 K_D 3 个参数。建立该系统的 Simulink 模型，观察其单位阶跃响应曲线，并且分析这 3 个参数分别对控制性能的影响。

使用期望特性法来设计 PID 控制器。

假设 PID 控制器的传递函数为 $G_\mathrm{C}(s) = K_\mathrm{P} + K_\mathrm{I}/s + K_\mathrm{D}s$，系统闭环的传递函数为

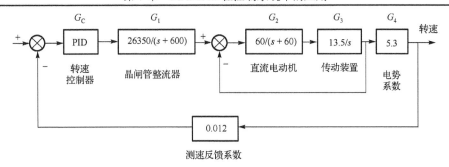

图 7-7　直流电动机速度控制系统

$$G_{\mathrm{B}}(s) = (113120550K_{\mathrm{D}}s^2 + K_{\mathrm{P}}s + K_{\mathrm{I}}) / [s^4 + 660s^3 + (36810 + 1357447K_{\mathrm{D}})s^2$$
$$+ (486000 + 1357447K_{\mathrm{P}})s + 1357447K_{\mathrm{I}}]$$

不妨假设希望闭环极点为 –300，–300，–300+j30，–30–j30，则期望特征多项式为
$$s^4 + 660s^3 + 127800s^2 + 6480000s + 162 \times 10^6$$
对应系数相等，可求得
$$K_{\mathrm{D}} = 0.067, \quad K_{\mathrm{P}} = 4.4156, \quad K_{\mathrm{I}} = 119.34$$

在命令窗口中输入这 3 个参数值，建立该系统的 Simulink 模型，如图 7-8 所示。

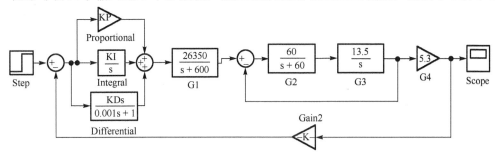

图 7-8　Simulink 仿真图

系统转速响应曲线如图 7-9 所示。

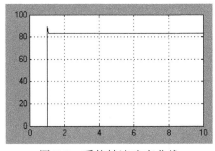

图 7-9　系统转速响应曲线

7.4　离散系统的数字 PID 控制

例 7-2　设被控对象为 $G(s) = 523500 / (s^3 + 87.35s^2 + 10470s)$，采样时间为 1ms，采用 Z 变换进行离散化，经过 Z 变换后的离散化对象为

$$y_{\text{out}}(k) = -a(2)y_{\text{out}}(k-1) - a(3)y_{\text{out}}(k-2) - a(4)y_{\text{out}}(k-3)$$
$$+ b(2)u(k-1) + b(3)u(k-2) + b(4)(k-3)$$

完成离散 PID 控制的仿真。

程序如下：

```
%PID控制器
clear all;
ts=0.001;
sys=tf(5.235e005,[1,87.35,1.047e004,0]);
dsys=c2d(sys,ts,'z');
[num,den]=tfdata(dsys,'v');
u_1=0.0;u_2=0.0;u_3=0.0;
y_1=0.0;y_2=0.0;y_3=0.0;
x=[0,0,0]';
error_1=0;
for k=1:1:1500
time(k)=k*ts;
kp=0.50;ki=0.001;kd=0.001;
rin(k)=1;
    u(k)=kp*x(1)+kd*x(2)+ki*x(3);
if u(k)>=10
u(k)=10;
end
if u(k)<=-10
u(k)=-10;
end
yout(k)=-den(2)*y_1-den(3)*y_2-den(4)*y_3+num(2)*u_1+num(3)*u_1+num(4)*u_3;
error(k)=rin(k)-yout(k);
    u_3=u_2;u_2=u_1;u_1=u(k);
    y_3=y_2;y_2=y_1;y_1=yout(k);
x(1)=error(k);
x(2)=(error(k)-error_1)/ts;
x(3)=x(3)+error(k)*ts;
    error_1=error(k);
end
figure1;
plot(time,rin,'k',time,yout,'k');
xlabe('time(s)'),ylabe('rin,yout');
```

离散 PID 控制的 Simulink 仿真如图 7-10 所示。

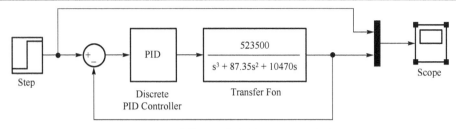

图 7-10　离散 PID 控制的 Simulink 仿真

阶跃响应结果如图 7-11 所示。

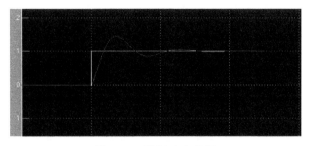

图 7-11　阶跃响应结果

例 7-3　已知 $G_p(s) = 10 / (s+1)(s+2)$，采样周期 $T = 0.1s$，建立数字 PID 系统控制模型。

解　建立的数字 PID 系统控制模型如图 7-12 所示。

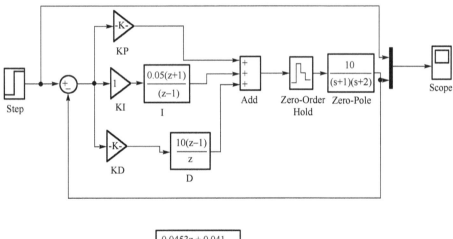

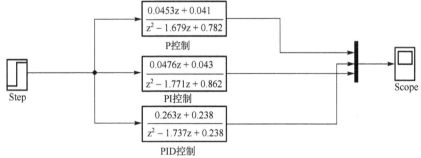

图 7-12　数字 PID 系统控制模型

给定的系统开环函数 $G_0(s) = K/(s(1+0.1s)(1+0.3s))$ 为 I 型系统，其静态速度误差系数 $K_v = K$，求取校正后系统的静态速度误差系数，试取 $K = 6$。在 MATLAB 中模拟出 Bode 图、阶跃响应曲线、Nyquist 图。

程序如下：

```
%=========校正前系统
=========================================================
clc
clear
k=6;                                               %静态速度误差系数
num1=1;
den1=conv(conv([1 0],[0.1 1]),[0.3 1]);            %传递函数
[mag,phase,w]=bode(k*num1,den1);                   %绘制
figure(1);
%从频率响应数据中计算出幅值裕度、相角裕度以及对应的频率
margin(mag,phase,w);
hold on;
%=========================================================
figure(2)
s1=tf(k*num1,den1);                                %构造传递函数
sys=feedback(s1,1);
step(sys);                                         %求阶跃响应
%=========================================================
figure(3);
sys1=s1/(1+s1)
nyquist(sys1);
grid on;                                           %绘制 Nyquist 曲线
%=========================================================
```

校正前 Bode 图如图 7-13 所示。

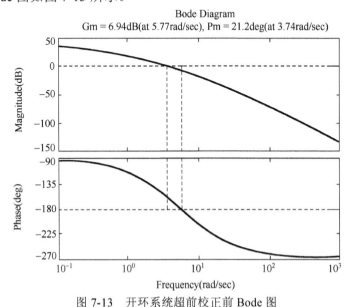

图 7-13　开环系统超前校正前 Bode 图

由校正前 Bode 图可以得出其剪切频率为 3.74，可以求出其相角裕度为

$$\gamma_0 = 180° - 90° - \arctan \omega_c = 21.2037°$$

校正前阶跃响应曲线如图 7-14 所示。

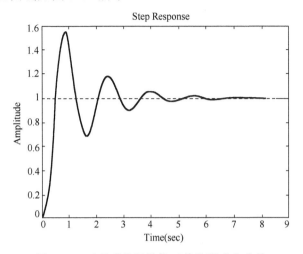

图 7-14　开环系统超前校正前阶跃响应曲线

校正前 Nyquist 图如图 7-15 所示。

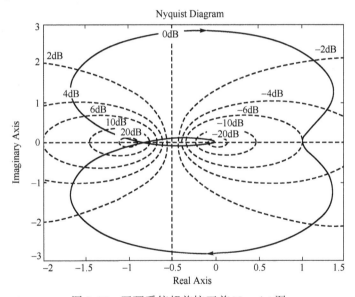

图 7-15　开环系统超前校正前 Nyquist 图

确定超前校正函数，即确定超前网络参数 a 和 T。确定该参数的关键是求超前网络的截止频率 ω_c，有以下公式：

$$-L_0(\omega_c) = L_c(\omega_m) = 10\lg a$$

$$T = \frac{1}{\omega_m \sqrt{a}}$$

$$\varphi_{\mathrm{m}} = \arcsin\frac{a-1}{a+1}$$

由以上 3 个公式可得出关于 a 和 ω_{c} 的方程组如下：

$$10\lg a = -20\lg\frac{6}{(\mathrm{j}\omega_{\mathrm{c}})(0.1\mathrm{j}\omega_{\mathrm{c}}+1)(0.3\mathrm{j}\omega_{\mathrm{c}}+1)}$$

$$\arcsin\frac{a-1}{a+1}+90°-\arctan(0.1\omega_{\mathrm{c}})-\arctan(0.3\omega_{\mathrm{c}})=45°$$

用 MATLAB 解方程组程序如下：

```
[a w]=solve...
    ('10*log10(a)=20*log10(w*sqrt((0.1*w)^2+1)*sqrt((0.3*w)^2+1))
     -20*log10(6)',...
    'asin((a-1)/(a+1))+pi/2-atan(0.1*w)-atan(0.3*w)=pi/4',...
    'a,w')
```

结果如下：

```
a =
7.7370763966971637649740767579051
157.24400989088140052347823364624
w =
6.4447386529911460391176608306442
12.345109628995731825100923603504
```

取计算结果小数点后 6 位有效数字得

$$a=7.737076$$

$$\omega_{\mathrm{c}}=6.444739 \text{ rad/s}$$

得出

$$T=0.05578\text{s}$$

所以超前网络传递函数可确定为

$$G_{\mathrm{C}}(s) = (1+aTs)/(1+Ts) = (1+0.4316s)/(1+0.05578s)$$

超前网络参数确定后，已校正系统的开环传递函数可写为

$$G_{\mathrm{C}}(s)G_0(s) = 6(1+0.4316s)/(s(1+0.1s)(1+0.3s)(1+0.05578s))$$

程序如下：

```
%=======校正后系统
clc
clear
```

```
k=6;
num1=1;
den1=conv(conv([1 0],[0.1 1]),[0.3 1]);
s1=tf(k* num1,den1);              %构建传递函数
num2=[0.4316 1];den2=[0.05578 1]; %填写分子分母
s2=tf(num2,den2);                 %构建校正传递函数
sope=s1*s2;
figure(1);
[mag,phase,w]=bode(sope);
margin(mag,phase,w);              %Bode 图以及数据的显示
%======
figure(2)
sys=feedback(sope,1);
step(sys);                        %阶跃响应曲线的描绘
%======
figure(3);
s3=sope/(1+sope);
nyquist(s3);
grid on;                          %绘制 Nyquist 曲线
%======
```

校正后 Bode 图如图 7-16 所示。

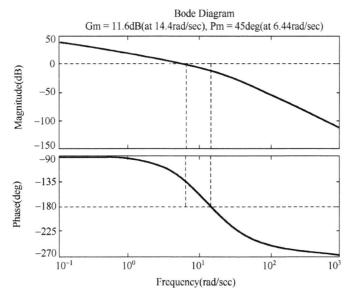

图 7-16　系统超前校正后 Bode 图

由图 7-16 可以看出，校正后的系统相角裕量等于 45°，所以符合设计要求。
校正后阶跃响应曲线及 Nyquist 图如图 7-17 及图 7-18 所示。

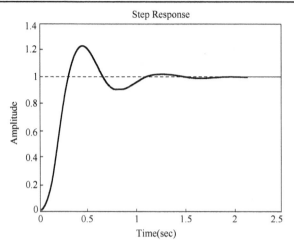

图 7-17　系统超前校正后阶跃响应曲线

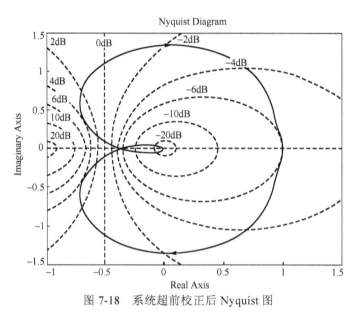

图 7-18　系统超前校正后 Nyquist 图

 导入案例

直 流 电 机

本案例的研究目的是以 MATLAB 为工具，对图 7-19 所示的它激式直流电动机分别采用前馈校正、反馈校正和 LQR(线性二次型调节器)校正等 3 种方法来改善负载力矩扰动对电动机转动速度的影响。

图 7-19 中，R_a 和 L_a 分别为电枢回路电阻和电感，J_a 为机械旋转部分的转动惯量，f 为旋转部分的黏性摩擦系数，$u_a(t)$ 为电枢电压，$\omega(t)$ 为电动机转动速度，$i_a(t)$ 为电枢回路电流。通过调节电枢电压 $u_a(t)$，控制电动机的转动速度 $\omega(t)$。电动机负载变化为电动机转动速度的扰动因素，用负载力矩 $M_d(t)$ 表示。

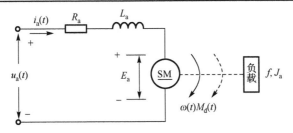

图 7-19　它激式直流电动机

直流电动机的数学模型：根据直流电动机的工作原理及基尔霍夫定律，直流电动机有四大平衡方程。

(1)电枢回路电压平衡方程为

$$L_a \frac{\mathrm{d}i_a(t)}{\mathrm{d}t} + R_a i_a(t) + E_a = u_a(t)$$

式中，E_a 为电动机的反电势。

(2)电磁转矩方程为

$$M_m(t) = K_a i_a(t)$$

式中，$M_m(t)$ 为电枢电流产生的电磁转矩；K_a 为电动机转矩系数。

(3)转矩平衡方程为

$$J_a \frac{\mathrm{d}\omega(t)}{\mathrm{d}t} + f\omega(t) = M_m(t) + M_d(t)$$

式中，$M_m(t)$ 为电枢电流产生的电磁转矩；K_a 为电动机转矩系数。

(4)由电磁感应关系得

$$E_a = K_b \omega(t)$$

式中，K_b 为反电势系数。

选取电动机各参数分别为 $R_a=2.0\Omega$，$L_a=0.5\mathrm{H}$，$K_a=0.1$，$K_b=0.1$，$f=0.2\mathrm{Nm \cdot s}$，$J_a=0.02\mathrm{kg \cdot m^2}$。分别以电动机电枢电压 $u_a(t)$ 和负载力矩 $M_d(t)$ 为输入变量，以电动机的转动速度 $\omega(t)$ 为输出变量，在 MATLAB 中建立电动机的数学模型。

在 MATLAB 命令窗口中输入：

```
>> Ra=2;La=0.5;Ka=0.1;
>> Kb=0.1;f=0.2;Ja=0.02;
>> G1=tf(Ka,[La Ra]);
>> G2=tf(1,[Jaf]);
>> dcm=ss(G2)*[G1,1];
   %uₐ(t)和Md(t)至ω(t)前向通路传递函数
>> dcm=feedback(dcm,Kb,1,1);%闭环系统数学模型
>> dcm1=tf(dcm)
```

运行结果为

```
Transfer function from input 1 to output:
      10
   ---------------
s^2 + 14 s + 41
Transfer function from input 2 to output:
  50 s + 200
   ---------------
s^2 + 14 s + 41
```

即电动机的传递函数分别为

$$\frac{\Omega(s)}{u_a(s)} = \frac{10}{s^2 + 14s + 41}$$

$$\frac{\Omega(s)}{M_d(s)} = \frac{50s + 200}{s^2 + 14s + 41}$$

可见，直流电动机的传递函数为二阶系统数学模型形式。

实验 8　控制系统设计实验

1．实验目的

(1)熟悉 Simulink 的操作环境并掌握绘制系统模型的方法。
(2)掌握 Simulink 中子系统模块的建立与封装技术。
(3)对简单系统所给出的数学模型能转换为系统仿真模型并进行仿真分析。

2．实验要求

(1)通过实验熟悉 Simulink 的操作环境并掌握绘制系统模型的方法。
(2)通过实验掌握 Simulink 中子系统模块的建立与封装技术。
(3)通过实验对简单系统所给出的数学模型能转换为系统仿真模型并进行仿真分析。

3．实验内容

启动 Simulink 后，打开模型编辑窗口，在里面搭建仿真电路，如图 7-20 所示。单击 Simulink 可以看到子模块，单击所需要的输入信号源模块 Sine Wave,将其拖放到的空白模型窗口 untitled 中；之后以同样的方法打开接收模块库 Sinks，选择其中的 Scope 模块（示波器）拖放到 untitled 窗口中；再从数学运算库中选择比例运算。在 untitled 窗口中，用鼠标指向 Sine Wave 右侧的输出端，当光标变为十字符时，按住鼠标拖向 Scope 模块的输入端，松开鼠标，就完成了两个模块间的信号线连接，以同样的方式完成另一个模块的连接。单击 untitled 模型窗口中的"开始仿真"图标进行仿真,或者选择 Simulink→Start 命令开始仿真。双击 Scope 模块出现示波器显示屏，看到相应的波形。

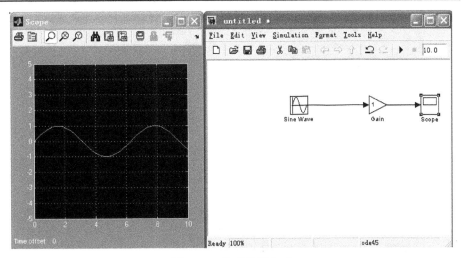

图 7-20　仿真模型（一）

在图 7-21 仿真模型中按上面的方式进行仿真搭建，双击里面的比例运算模块，将其增益设置为 5，双击示波器显示出波形，将其增量设置为 1 时，得到波形如图 7-21 所示。

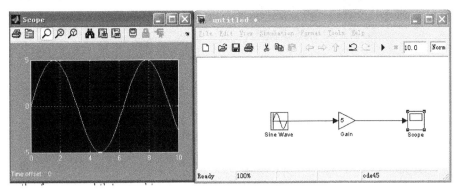

图 7-21　仿真模型增益为 5 时的波形

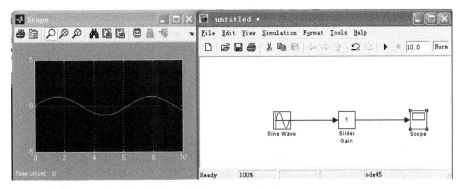

图 7-22　仿真模型增益为 1 时的波形

按图 7-23 搭建仿真电路，将其中的增益模块的增益改为 5 双击示波器显示出波形。

按图 7-24 搭建仿真电路，双击示波器显示出波形。

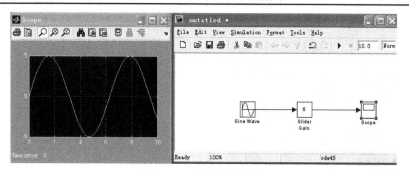

图 7-23　仿真模型(二)

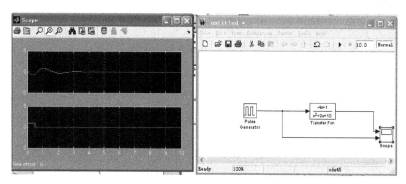

图 7-24　仿真模型(三)

　　按图 7-25 搭建仿真电路，选择显示二维图形示波器，之后双击示波器，得到波形如图 7-26 所示。

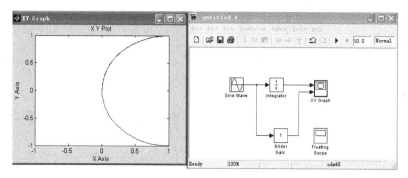

图 7-25　增益为 1 时 X-Y 波形变化(一)

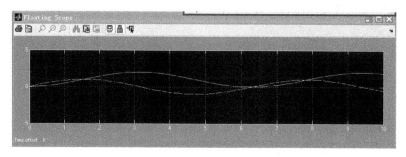

图 7-26　增益为 1 时 X-Y 波形变化(二)

　　按图 7-27 搭建仿真电路，选择显示二级图形示波器，之后双击示波器，得到波形如图 7-28 所示。

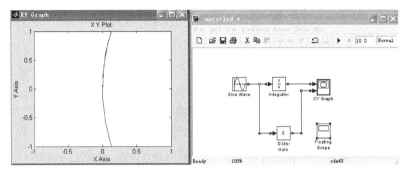

图 7-27　增益为 1.4931 时 X-Y 波形变化(一)

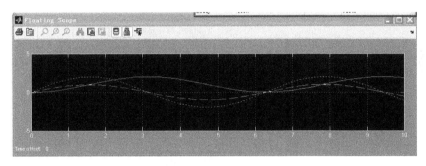

图 7-28　增益为 1.4931 时 X-Y 波形变化(二)

第 8 章　Simulink 仿真

Simulink 是 MATLAB 里的一个实现动态系统建模(dynamic system simulation)、仿真与分析的仿真集成环境软件工具包，是控制系统计算与仿真最先进的高效工具。通过本章的介绍，读者能够熟悉并掌握在 Simulink 环境下，用 Simulink 建立系统模型以及用示波器观察仿真结果，并对系统线性化模型进行仿真，从而为对控制系统进行 MATLAB 计算及仿真奠定基础。本章使用的最重要的 MATLAB 函数命令有 linmod 等。

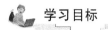 学习目标

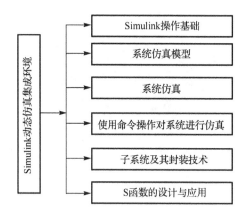

8.1　Simulink 基础模块库

Simulink 的模块库提供了大量模块。单击模块库浏览器中 Simulink 前面的"+"号，将看到 Simulink 模块库中包含的子模块库，单击所需要的子模块库，在右边的窗口中将看到相应的基本模块，选择所需基本模块，可用鼠标将其拖到模型编辑窗口。同样，在模块库浏览器左侧的 Simulink 栏上右击，在弹出的快捷菜单中选择"Open the Simulink Library"命令，将打开 Simulink 基本模块库窗口。单击其中的子模块库图标，打开子模块库，找到仿真所需要的基本模块。

Simulink 的公共模块库是 Simulink 中广泛用到的模块库，而 Simulink 公共模块库总共包含 9 个模块库(图 8-1)，下面主要介绍几个常用模块的功能。

(1)Continuous(连续系统模块库)：连续系统模块库及其各自的功能如图 8-2 所示。

(2)Discrete(离散系统模块库)：离散系统模块库及其各自的功能如图 8-3 所示。

(3)Sinks(系统输出模块库)：系统输出模块库及其各自的功能如图 8-4 所示。

(4)Math(数学运算库)：数学运算库及其各自的功能如图 8-5 所示。

(5)Sources(系统输入模块库)：系统输入模块库及其各自的功能如图 8-6 所示。

(6)Subsystems(子系统模块库)：子系统模块库及其各自的功能如图 8-7 所示。

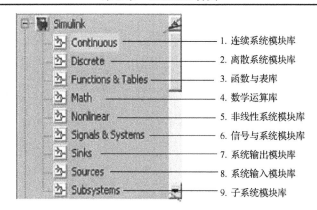

图 8-1　Simulink 的公共模块库

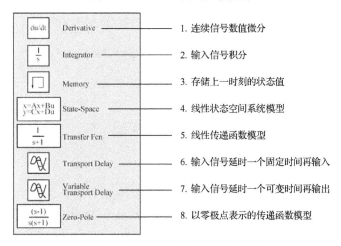

图 8-2　连续系统模块库及其功能

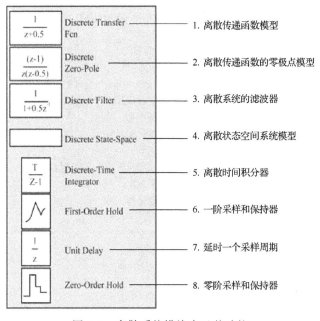

图 8-3　离散系统模块库及其功能

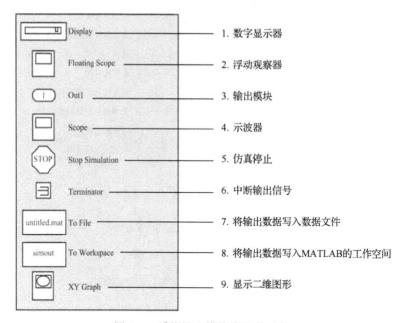

图 8-4 系统输出模块库及其功能

图 8-5 数学运算库及其功能

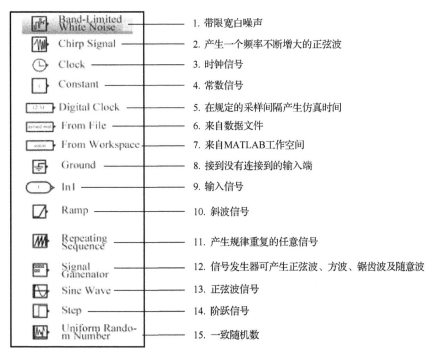

图 8-6　系统输入模块库及其功能

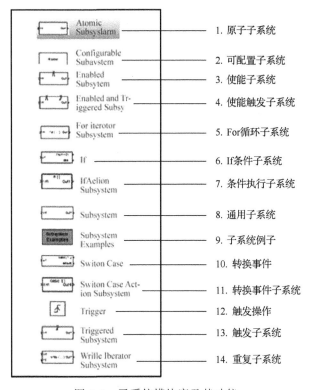

图 8-7　子系统模块库及其功能

8.2 模型搭建方法

当把建立系统模型所需要的模块都添加到系统模型编辑器时，这时候就要开始进行模块与模块之间的连接。

1. 连接两个模块

在模块之间连接一条线，不但有手动连接的方式，还有自动连接方式。具体的操作方法介绍如下。

1) 手动连接的方法

把鼠标放在模块的输出端口，当箭头变为"+"后，就可以按住鼠标左键，然后拖动鼠标到另一个模块的输入端，松开鼠标即可，如图 8-8 所示。

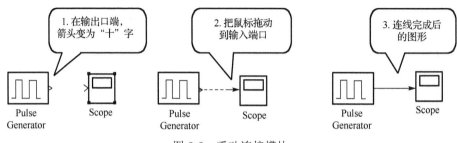

图 8-8 手动连接模块

2) 自动连接的方法

自动连接的方法：首先用鼠标左键选中源模块，然后按 Ctrl 键，最后单击目标模块，这时候 Simulink 就会自动把线连上。但是很多情况下，要进行多个模块之间的连线，具体如下。

情形 1：如果有多个源模块与目标模块相连接，可以用鼠标把这几个源模块选上，然后再按住 Ctrl 键，再单击目标模块（图 8-9）。当然也可以一个模块一个模块地接线。只是前者方法的效率比较高。

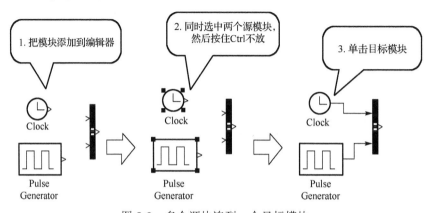

图 8-9 多个源块连到一个目标模块

情形 2：如果只有一个源模块，但是却有多个目标模块时。这时比较快捷的连线方式就是首先选中全部的目标模块，然后按住 Ctrl 键不放，最后单击源模块即可，如图 8-10 所示。

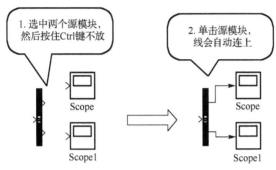

图 8-10　一个源模块连到多个目标模块

注意：如果只有一个源模块与一个目标模块相连，首先选中的必须是输出端口的源模块，然后再按 Ctrl 键，最后单击目标模块，否则将无法连线。

2．移动模块间的连线

若想移动某一条信号线，单击选中此信号线，把鼠标放到目标线段上，则鼠标的形状变为移动图标。按住鼠标，并拖曳到新位置。放开鼠标，则信号线被移动到新的位置，如图 8-11 所示。

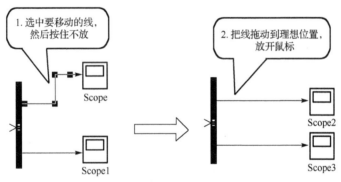

图 8-11　移动信号线

3．连线的分支

如果要给信号线加分支，则只需将鼠标移动到分支的起点位置，然后同时按住 Ctrl 键+鼠标左键，拖动鼠标到目标模块的输入端，释放鼠标和 Ctrl 键即可，如图 8-12 所示。

图 8-12 中虚线表明没有连接到位，所以显示红色错误；下图连接到位后为实线，黑色正确。

4．标注连线

当系统模型中连线过多时，为了更好地读图，可以在各条连线中写个备注。标注连线的方法是双击需要标注的信号线，便会出现一个文本编辑框，可以在文本框中输入备注内容，如图 8-13 所示。

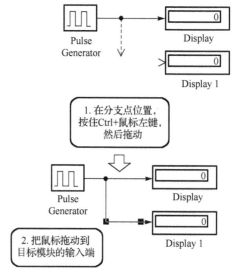

图 8-12　画信号线的分支

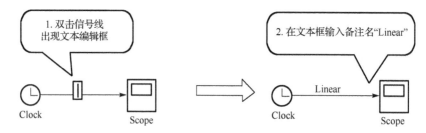

图 8-13　连线的标注

5. 模块的参数设置

Simulink 中几乎所有模块的参数都允许用户进行设置，只要双击要设置的模块或在模块上右击并在弹出的快捷菜单中选择相应模块的参数设置命令就会弹出模块参数对话框。该对话框分为两部分，上面一部分是模块功能说明，下面一部分用来进行模块参数设置。同样，先选择要设置的模块，再在模型编辑窗口 Edit 菜单下选择相应模块的参数设置命令，也可以打开模块参数对话框，如图 8-14 所示。

6. 模块的属性设置

选定要设置属性的模块，然后在模块上右击并在弹出的快捷菜单中选择 Block properties 命令，或先选择要设置的模块，再在模型编辑窗口的 Edit 菜单下选择 Block properties 命令，打开模块属性对话框。该对话框包括 General、Block annotation 和 Callbacks 3 个可以相互切换的选项卡。在选项卡中可以设置 3 个基本属性：Description（说明）、Priority（优先级）、Tag（标记）。如图 8-15 所示，为 Sine 曲线参数设置窗口图。

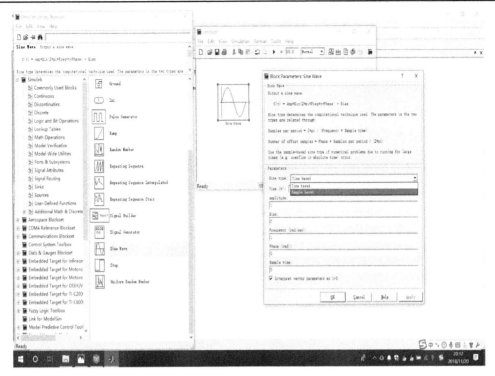

图 8-14　模块的参数设置

图 8-15　Sine 曲线参数设置窗口图

例 8-1　建立一个生长在罐中的细菌简单模型。

解　假定细菌的出生率和当前细菌的总数成正比，死亡率和当前细菌总数的平方成正比。若以 x 代表当前细菌的总数，则细菌的出生率和细菌的死亡率可表示为

```
birth_rate=bx
death_rate=px²
```

细菌总数的总变化率可表示为出生率与死亡率之差。因此系统可用如下微分方程表示：

$$\dot{x} = bx - px^2$$

假定，$b=1$/hour，$p=0.5$/hour，当前细菌的总数为 100，计算一个小时后罐中的细菌总数。

模型分析：首先，这是一个一阶系统，因此用一个解微分方程的积分模块是必要的。积分模块的输入为 $\dot{x}$（也即上式的右边项），输出为 x，如图 8-16 所示。

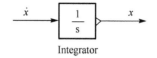

图 8-16　积分模块

其次，需要一个乘法模块（Product）以实现 x^2，需要 2 个增益模块（Gain）来实现 px^2 和 bx（即分别将 x^2 和 x 增益 p 和 b 倍），需要一个求和模块（Sum）实现 $bx-px^2$。最后需要一个示波器模块（Scope）用于显示输出。所需各模块如图 8-17 所示。

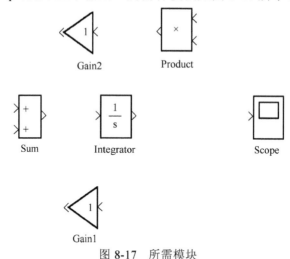

图 8-17　所需模块

步骤一：新建模型窗口。

依次选择 Simulink 模块库浏览器的 File→New→Model 命令，建立一个新的模型窗口。

步骤二：选择功能模块。

从连续系统模块库（Continuous）中拖放一个积分模块到模型窗口；从数学运算库（Math）中分别拖放一个乘法模块、一个增益模块、一个求和模块到模型窗口；最后从系统输出模块库（Sinks）拖放一个示波器模块到模型窗口。在模型窗口中选中增益模块

（Gain），按住 Ctrl 键的同时拖动鼠标，在适当的位置释放，即可复制出第二个增益模块。最后将以上各模块进行合理布局，如图 8-17 所示。

步骤三：信号线连接。

按照前述方法将各模块之间连接起来，如图 8-18 所示。

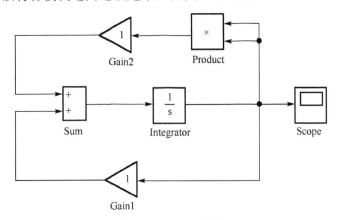

图 8-18　信号线连接

步骤四：模块参数的设置。

按图 8-19 所示设置模块的运行参数。

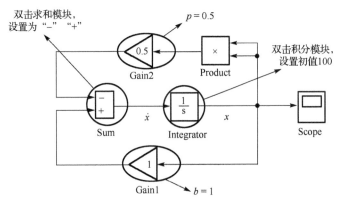

图 8-19　设置模块参数

其他的仿真参数采用系统默认值即可。仿真的起始时间默认为 0，终止时间默认为 10.0。若需要改变仿真时间，可打开仿真参数设置对话框（选择 Simulation→Configuration Parameters 命令），设置 Start time 和 Stop time 即可。

步骤五：保存模型。

单击"保存"以保存模型。

步骤六：运行仿真。

单击模型窗口中的 ▶ 按钮，运行仿真。仿真结束后，双击示波器模块，可观察到仿真的结果曲线，如图 8-20 所示。

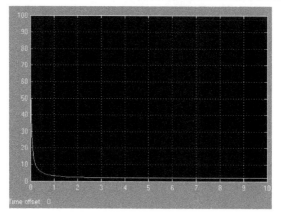

图 8-20   仿真曲线

8.3   子模型的封装搭建

建立子系统有两种方法：通过 Subsystem 模块建立子系统和通过已有的模块建立子系统，如图 8-21 所示。

两者的区别是：前者先建立子系统，再为其添加功能模块；后者先选择模块，再建立子系统。

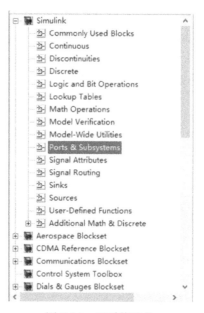

图 8-21   子系统函数

1. 通过 Subsystem 模块建立子系统(图 8-22)

操作步骤如下。

(1)先打开 Simulink 模块库浏览器，新建一个仿真模型。

（2）打开 Simulink 模块库中的 Ports & Subsystems 模块库，将 Subsystem 模块添加到模型编辑窗口中。

（3）双击 Subsystem 模块打开一个空白的 Subsystem 窗口，将要组合的模块添加到该窗口中，另外还要根据需要添加输入模块和输出模块，表示子系统的输入端口和输出端口。这样，一个子系统就建好了，如图 8-23 所示。

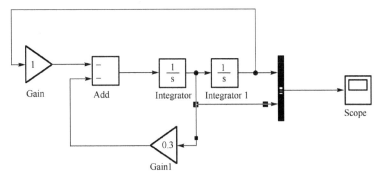

图 8-22　无子系统的系统模型

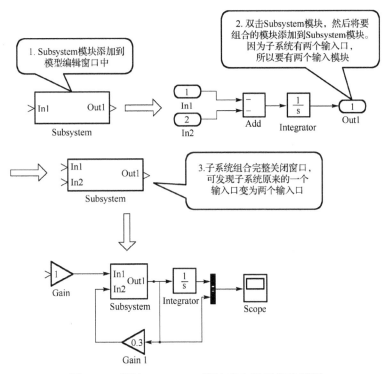

图 8-23　通过 Subsystem 模块建立子系统步骤图

2. 通过已有的模块建立子系统

操作步骤如下。

（1）先选择要建立的子系统模块，不包括输入端口和输出端口。

（2）选择模型编辑窗口 Edit 菜单中的 Create Subsystem 命令，这样子系统就建好了。

在这种情况下，系统会自动把输入模块和输出模块添加到子系统中，并把原来的模块变为子系统的图标(图 8-24)。子系统内部模块如图 8-25 所示。

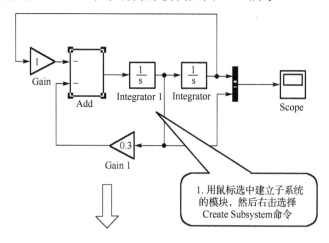

1. 用鼠标选中建立子系统的模块，然后右击选择 Create Subsystem 命令

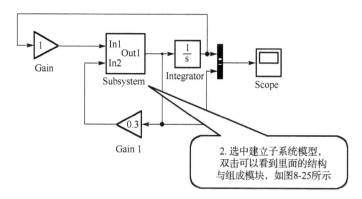

2. 选中建立子系统模型，双击可以看到里面的结构与组成模块，如图8-25所示

图 8-24　通过已有的模块建立子系统步骤图

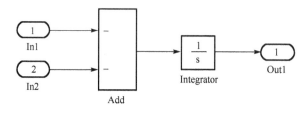

图 8-25　子系统内部结构

例 8-2　在一个通信系统中，发送方首先使用高频正弦波对一低频锯齿波进行幅度调制，然后在无损信道中传递此幅度调制信号；接收方在接收到幅度调制信号后，首先对其进行解调，然后使用低通数字滤波器对解调后的信号进行滤波以获得低频锯齿波信号。

$$\frac{Y(z)}{U(z)}=\frac{0.04+0.08z^{-1}+0.04z^{-2}}{1-1.6z^{-1}+0.7z^{-2}} \qquad \frac{Y(s)}{U(s)}=\frac{1}{10^{-9}s^{2}+10^{-3}+1}$$

解　操作步骤如下。

步骤一：建立数字滤波器系统模型。

这里使用简单的通信系统说明低通数字滤波器的功能。在此系统中，发送方首先使用高频正弦波对一低频锯齿波进行幅度调制，然后在无损信道中传递此幅度调制信号；接收方在接收到幅度调制信号后，首先对其进行解调，然后使用低通数字滤波器对解调后的信号进行滤波以获得低频锯齿波信号。

步骤二：建立此系统模型所需要的系统模块。

主要有：系统输入模块库中的 Sine Wave 模块，用来产生高频载波信号 Carrier 与解调信号 Carrier1；系统输入模块库中的 Signal Generator 模块，用来产生低频锯齿波信号 Sawtooth；离散系统模块库中的 Discrete Filter 模块，用来表示数字滤波器；数学运算库中的 Product 模块，用来完成低频信号的调制与解调。

8.4 仿 真 实 例

至此，可以总结出利用 Simulink 进行系统仿真的步骤如下。

(1)建立系统仿真模型，包括添加模块、设置模块参数以及进行模块连接等操作。

(2)设置仿真参数。

(3)启动仿真并分析仿真结果。

例 8-3 已知某被控对象数学模型为 $G(s) = \dfrac{6}{(s+1)(s+2)(s+3)}$，现假定系统的模型未知，反馈元件传递函数为 $H(s)=1$，试设计一个一维模糊控制器对其进行控制，并对其进行仿真分析。

思路与解法如下。

(1)对原被控对象进行阶跃响应仿真分析。建立如图 8-26 所示的仿真模型，设置 Zero-Pole 模块中 Zeros 参数为[]，Poles 参数为[−1 −2 −3]，Gain 参数为[6]，得到仿真结果，如图 8-27 所示。可见该系统对阶跃信号输入，稳态误差为 0.5。

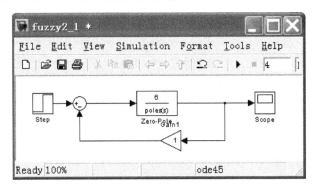

图 8-26 系统仿真模型

(2)分析被控对象，确定被控量和设计指标。一维模糊控制器的输入信号为 e，则设其模糊语言变量为 E，模糊论域为[−5,5]，在单位阶跃信号输入下，实际论域为[−0.5,0.5]，则其量化因子。输出模糊语言变量为 DU，模糊论域为[−10,10]，实际论域为[−1,1]，则

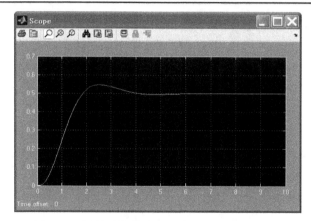

图 8-27　原始系统的阶跃响应，稳态误差为 0.5

量化因子。量化因子对控制系统的动态性能和稳态性能的影响比较大，在仿真过程中还可以根据实际情况进行更改。

将输入模糊语言变量的语言值设为 7 个，即 { 负大(NB)，负中(NM)，负小(NS)，零(Zero)，正小(PS)，正中(PM)，正大(PB) }。

将输出模糊语言变量的语言值也设为 7 个，即 { 负大(NB)，负中(NM)，负小(NS)，零(Zero)，正小(PS)，正中(PM)，正大(PB) }。

（3）在命令窗口中输入 "fuzzy" 命令，打开 FIS 编辑器，设定模糊语言变量及其属性，如图 8-28 所示。图 8-28 显示的是 Mamdani 一维模糊推理系统。如果要生成 Sugeno 推理系统，则在 FIS 编辑器窗口选择 File→New FIS→Sugeno 命令，系统弹出如图 8-29 所示的 FIS Editor 窗口。如果要建立二维模糊推理系统，则在 FIS 编辑器窗口选择 Edit→Add Variable→Input 命令，则会变成二维模糊推理系统。

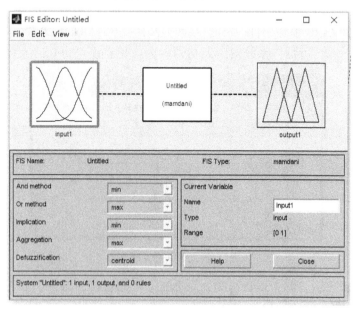

图 8-28　FIS Editor 窗口

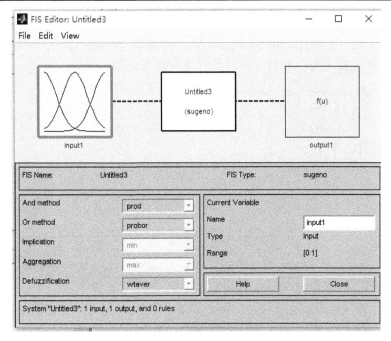

图 8-29　FIS Editor 窗口

设定输入语言变量的隶属函数，双击图 8-28 中的输入变量模型框(图中 input1)，会弹出如图 8-30 所示的 Membership Function Editor(隶属函数编辑器)窗口。可以定义输入语言变量的论域范围，以及添加各隶属函数、编辑隶属函数种类和取值范围。

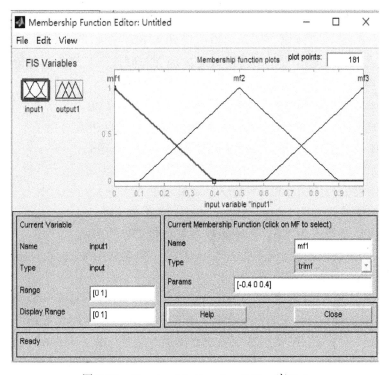

图 8-30　Membership Function Editor 窗口 1

　　设定输出语言变量的隶属函数，双击图 8-28 中的输出变量模框（图中 output1），会弹出如图 8-31 所示的 Membership Function Editor 窗口。可以定义输出语言变量的论域范围，以及添加各隶属函数、编辑隶属函数种类和取值范围。

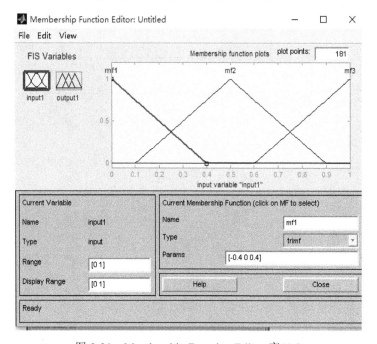

图 8-31　Membership Function Editor 窗口 2

　　(4)生成模糊规则 MATLAB。一维模糊控制器规则比较简单，根据自动控制理论和实际操作的情况设定模糊规则。例如，当偏差 E 为 PB（正大）时，说明 $e = r - y$ 为正大，即被控量反馈值远没有达到设定值，所以应该加大控制量，且增大的幅度为正大。其他以此类推，共得到以下 7 条规则。

　　规则 1：如果偏差 E 为 PB，则输出控制量增量 DU 为 PB。

　　规则 2：如果偏差 E 为 PM，则输出控制量增量 DU 为 PM。

　　规则 3：如果偏差 E 为 PS，则输出控制量增量 DU 为 PS。

　　规则 4：如果偏差 E 为 Zero，则输出控制量增量 DU 为 Z。

　　规则 5：如果偏差 E 为 NS，则输出控制量增量 DU 为 NS。

　　规则 6：如果偏差 E 为 NM，则输出控制量增量 DU 为 NM。

　　规则 7：如果偏差 E 为 NB，则输出控制量增量 DU 为 NB。

　　双击图 8-27 中规则控制框（图中上部中间框），弹出如图 8-32 所示 Rule Editor（模糊规则编辑器）窗口，设置模糊规则。

　　设置完模糊规则之后，选择 View→Rules 命令，弹出如图 8-33 所示的 Rule Viewer（规则观测器）窗口。选择 View→Surface 命令，则弹出如图 8-34 所示的 Surface Viewer（输入输出观测器）窗口。保存一维模糊推理系统到磁盘，选择 File→Export→To File 命令，以文件名"Fcontrol1"存盘，另外，也可以将一维模糊推理系统引出到工作空间，选择 File→Export→To Workspace 命令，生成"Fcontrol1"的结构。

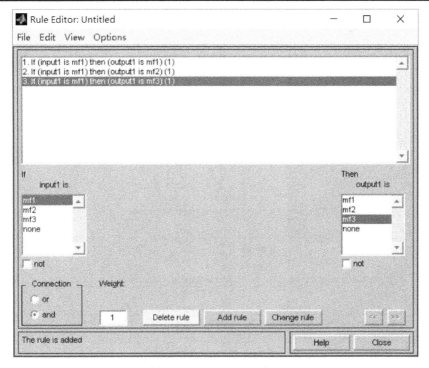

图 8-32　Rule Editor 窗口

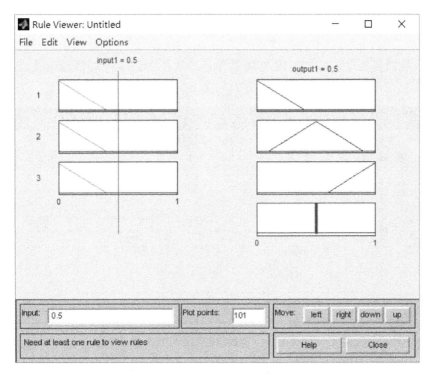

图 8-33　Rule Viewer 窗口

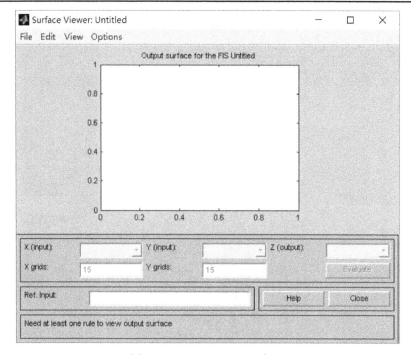

图 8-34 Surface Viewer 窗口

(5)一维模糊控制系统的 Simulink 仿真。打开一个新的模型窗口，建立如图 8-35 所示的一维模糊控制系统的仿真模型，双击 Fuzzy Logic Controller with Ruleviewer 模块，输入已经建立的模糊推理系统文件或者结构名为"Fcontrol1"。设置仿真时间为 100，运行仿真。发现仿真振荡过大，如图 8-36 所示。考虑原因在于控制信号增量过大，因此减小其实际变化范围，调整继续仿真，得到如图 8-37 所示阶跃响应曲线。

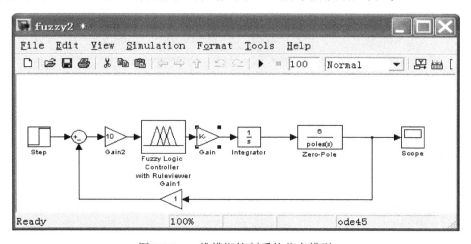

图 8-35 一维模糊控制系统仿真模型

例 8-4 使用 Simulink 创建系统，求解非线性微分方程 $(3x - 2x^2)\dot{x} - 4x = 4\ddot{x}$，其初始值为 $\dot{x}(0) = 0$，$\ddot{x}(0) = 2$，绘制函数的波形。

解 分析方程可知，这是二阶系统，所以有两个积分模块，如图 8-38 所示。

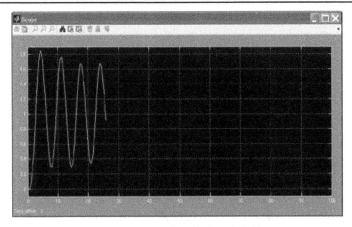

图 8-36　初步设定参数时的仿真情况

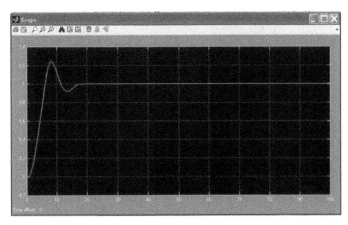

图 8-37　参数调整后的仿真情况

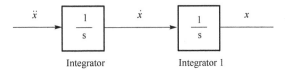

图 8-38　积分模块

此外还需要一个乘法模块、一个增益模块、两个求和模块。

步骤一：新建模型窗口。

依次选择 Simulink 库浏览器的 File→New→Model 命令，建立一个新的模型窗口。

步骤二：选择功能模块。

从连续系统模块库(Continuous)中拖放一个积分模块到模型窗口，第二个积分模块可以复制；从数学运算库(Math)中分别拖放一个乘法模块、一个增益模块、一个求和模块到模型窗口；从 user-defined functions 库调用一个 Fcn 模块；从系统输出模块库(Sinks)拖放一个示波器模块到模型窗口。最后将以上各模块进行合理布局。

步骤三：信号线连接。

按照前述的方法将各模块之间连接起来。

步骤四：模块参数的设置。

按图 8-39 所示设置模块的运行参数。

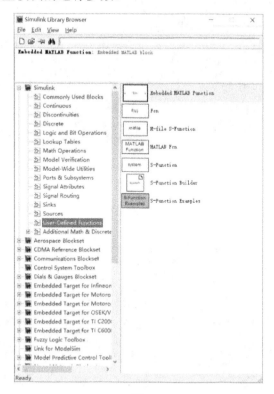

(a)

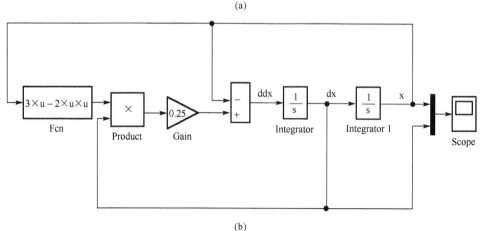

(b)

图 8-39　模块参数

步骤五：保存模型。

单击"保存"以保存模型。

步骤六：运行仿真。

单击模型窗口中的 ▶ 按钮，运行仿真。仿真结束后，双击示波器模块，可观察到仿真的结果曲线，如图 8-40 所示。

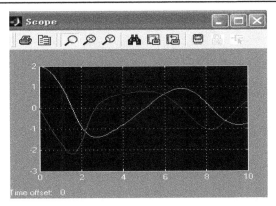

图 8-40　仿真曲线

 知识拓展

Simulink 简介

Simulink 是 MATLAB 软件下的一个附加组件，是一个用来对动态系统进行建模、仿真和分析的 MATLAB 软件包，支持连续、离散以及两者混合的线性和非线性系统，同时它也支持具有不同部分、拥有不同采样率的多种采样速率的仿真系统。在其下提供了丰富的仿真模块。其主要功能是实现动态系统建模、仿真与分析，可以预先对系统进行仿真分析，按仿真的最佳效果来调试及整定控制系统的参数。Simulink 仿真与分析的主要步骤按先后顺序为：从模块库中选择所需要的基本功能模块，建立结构图模型，设置仿真参数，进行动态仿真并观看输出结果，针对输出结果进行分析和比较。

Simulink 模块库提供了丰富的描述系统特性的典型环节，有系统输入模块库(Sources)、系统输出模块库(Sinks)、连续系统模块库(Continuous)、离散系统模块库(Discrete)、非连续系统模块库(Signal Routing)、信号属性模块库(Signal Attributes)、数学运算库(Math)、逻辑和位操作库(Logic and Bit Operations) 等，此外还有一些特定学科仿真的工具箱。

Simulink 为用户提供了一个图形化的用户界面(GUI)。对于用方框图表示的系统，通过图形界面，利用鼠标单击和拖拉方式，建立系统模型就像用铅笔在纸上绘制系统的方框图一样简单，它与用微分方程和差分方程建模的传统仿真软件包相比，具有更直观、更方便、更灵活的优点，不但实现了可视化的动态仿真，也实现了与 MATLAB、C 或者 Fortran 语言，甚至和硬件之间的数据传递，大大扩展了它的功能。

实验 9　Simulink 仿真实验

1. 实验目的

(1)熟悉 Simulink 的操作环境并掌握绘制系统模型的方法。
(2)掌握 Simulink 中子系统模块的建立与封装技术。

(3)对简单系统所给出的数学模型能转换为系统仿真模型并进行仿真分析。

2. 实验要求

(1)通过实验熟悉 Simulink 的操作环境并掌握绘制系统模型的方法。
(2)通过实验掌握 Simulink 中子系统模块的建立与封装技术。
(3)通过实验对简单系统所给出的数学模型能转换为系统仿真模型并进行仿真分析。

3. 实验内容

(1)建立如图 8-41 所示的系统模型并进行仿真，仿真结果如图 8-42 所示。

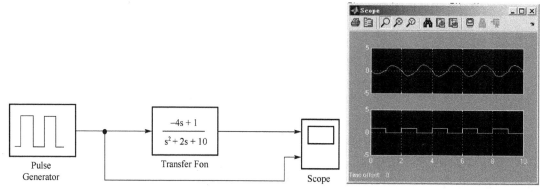

图 8-41　控制系统模型　　　　　　　图 8-42　仿真结果

(2)本次实验任务是学习使用 Simulink 对数字电路进行仿真和设计——8 线 3 线编码器的设计。所谓 8 线 3 线编码器是指有 8 个信号输入端和 3 个信号输出端的编码器，其功能是对输入的 8 个信号进行编码，输出 3 个二进制数。

8 线 3 线编码器的真值表见表 8-1。

表 8-1　8 线 3 线编码器真值表

输入信号								输出信号		
J0	J1	J2	J3	J4	J5	J6	J7	Y0	Y1	Y2
0	1	1	1	1	1	1	1	0	0	0
1	0	1	1	1	1	1	1	0	0	1
1	1	0	1	1	1	1	1	0	1	0
1	1	1	0	1	1	1	1	0	1	1
1	1	1	1	0	1	1	1	1	0	0
1	1	1	1	1	0	1	1	1	0	1
1	1	1	1	1	1	0	1	1	1	0
1	1	1	1	1	1	1	0	1	1	1

根据真值表写出输入输出间的逻辑函数。

$$Y0 = \overline{J4 \cdot J5 \cdot J6 \cdot J7}$$

$$Y1 = \overline{J2 \cdot J3 \cdot J6 \cdot J7}$$

$$Y2 = \overline{J1 \cdot J3 \cdot J5 \cdot J7}$$

下面使用 Simulink 来实现这个数字电路系统，一共分 3 个步骤。

步骤一：添加模块。

首先按照前述方法建立新的模型窗口，然后将本次仿真需要的模块添加到模型中。这里一共需要 3 种模块。

(1)逻辑运算模块——与非门(3 个)，用于实现编码器输入信号间的逻辑运算功能。

(2)离散脉冲源(8 个)，用于 8 个端口的脉冲信号输入。

(3)示波器(3 个)，用于显示输出的信号。

上述各模块在 Simulink 模块库中的位置如下。

与非门模块(Logical Operator)：Simulink 模块库→Logic and Bit Operations 子库。

离散脉冲源模块(Pulse Generator)：Simulink 模块库→Sources 子库。

示波器模块(Scope)：Simulink 模块库→Sinks 子库。

按照上述位置，找到相应模块，将其复制到模型窗口当中，如图 8-43 所示。

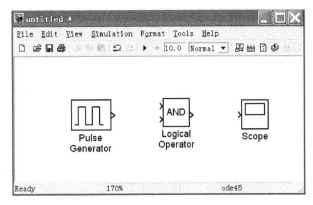

图 8-43　模块图

下面将模块的数量凑齐。

(1)单击逻辑运算模块(Logical Operator)的名称，将其更名为 Y0，以方便识别，接着选中该模块，按住 Ctrl 键，同时拖动鼠标到新的位置释放，此时将复制出一个名为 Y1 的逻辑模块，按照此法，再复制出 Y2。

(2)将脉冲源的名字改为 J0，然后按住 Ctrl 键拖动 7 次，可得到 8 个离散脉冲源，名字分别是 J0、J1、…、J7；依此法将示波器复制 3 个，这样所需的模块数量都已备齐。再将这些模块适当布局，如图 8-44 所示。

步骤二：修改模块参数。

(1)首先双击逻辑模块 Y0，打开模块参数设置对话框，如图 8-45 所示。将参数 Operator 修改为 NAND(与非)，输入节点数(Number of input ports)修改为"2"，然后单击 OK 按钮；其他两个逻辑模块 Y1 和 Y2 也做同样修改。

(2)双击示波器模块 Scope1，打开一个界面，单击参数图标(图 8-46)，可以打开示波器的参数设置对话框(图 8-47)，将坐标轴的数目(Number of axes)修改为"3"，这样做的目的是同时显示 3 幅图形(即 3 个与非门的输出信号波形)。同样地，将另外两个示波器 Scope2 和 Scope3 的坐标轴数目修改为"4"。

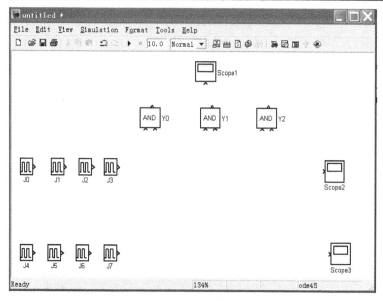

图 8-44　配齐模块

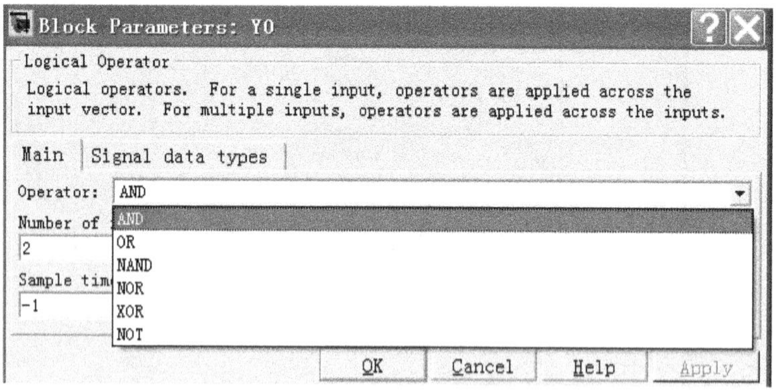

图 8-45　模块参数对话框

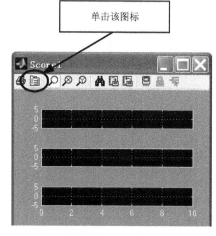

图 8-46　示波器

'Scope1' parameters
General
Data history
Tip: try right clicking on axes
Axes
Number of axes:
3
floating scope
Time range:
auto
Tick labels:
bottom axis only
Sampling
Decimation
1
OK
Cancel
Help
Apply

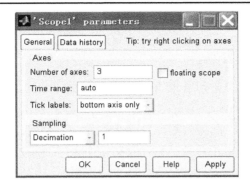

图 8-47　示波器参数

(3) 修改脉冲源的属性。双击脉冲源 J0，弹出模块的参数设置对话框，如图 8-48 所示。选择脉冲类型(Pulse type)为“基于采样(Sample based)”。接下来有 5 个参数需要设置，分别解释如下。

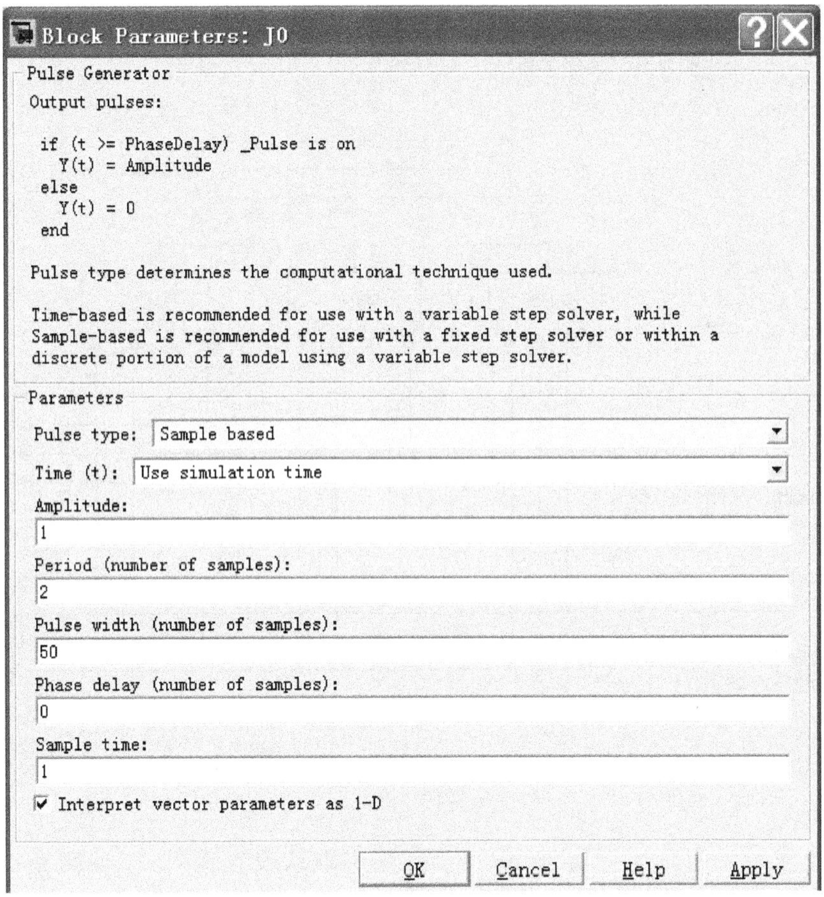

Block Parameters: J0
Pulse Generator
Output pulses:
if (t >= PhaseDelay) _Pulse is on
Y(t) = Amplitude
else
Y(t) = 0
end
Pulse type determines the computational technique used.
Time-based is recommended for use with a variable step solver, while
Sample-based is recommended for use with a fixed step solver or within a
discrete portion of a model using a variable step solver.
Parameters
Pulse type:
Sample based
Time (t):
Use simulation time
Amplitude:
1
Period (number of samples):
2
Pulse width (number of samples):
50
Phase delay (number of samples):
0
Sample time:
1
Interpret vector parameters as 1-D
OK
Cancel
Help
Apply

图 8-48　脉冲源参数

Amplitude：脉冲信号的幅度；

Period：脉冲信号的周期(以样本数为单位)；

Pulse width：脉冲宽度(即电平为 1 的时间，以样本数为单位)；

Pulse delay：相位延迟(以样本数为单位)；

Sample time：采样时间长度。

观察本例的真值表，注意到信号 J0～J7 的长度为 8，且 J0 到 J7 依次为低电平，所以将 J0 到 J7 的周期设为 8，脉冲宽度设为 7，相位延迟依次设为 −7 到 0，脉冲幅度和采样时间使用默认值。这样在零时刻，J0 为低电平，其余输入为高电平；经过一个采样时间后，J1 变为低电平，如此持续下去，到第 7 个采样时间，J7 就变为低电平，实现了设计要求。

步骤三：连线及仿真。

根据逻辑表达式，J4、J5、J6、J7 连接到 Y0 的输入端，J2、J3、J6、J7 连接到 Y1 的输入端，J1、J3、J5、J7 连接到 Y2 的输入端，然后用示波器 Scope1 监视 Y2、Y1、Y0 的输出；另外，将 J0～J3 连接到 Scope2、J4～J7 连接到 Scope3，以监视 J0～J7 这 8 个波形，结果如图 8-49 所示。

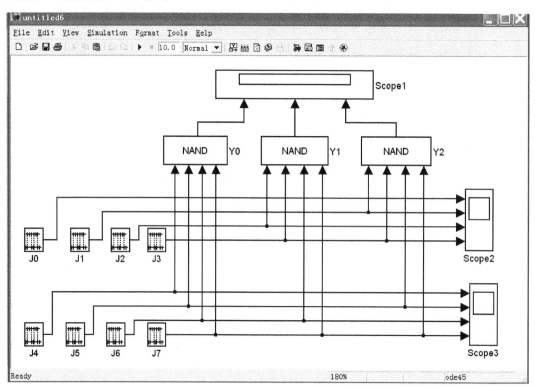

图 8-49　连线图

连接完成后，即可运行仿真(仿真参数采用默认设置即可)。仿真结束后，双击 Scope1～Scope3 观察波形结果，如图 8-50 所示。

图 8-50 是编码器的输出波形，从图中可以看出，输出的三位二进制码(Y2Y1Y0)依次是：000、001、010、011、100、101、110、111，实现了编码的功能。

Scope2 显示 J0～J3 的输入波形，如图 8-51 所示。

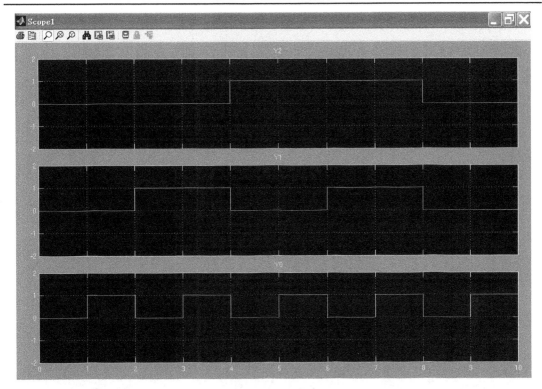

图 8-50　输出波形

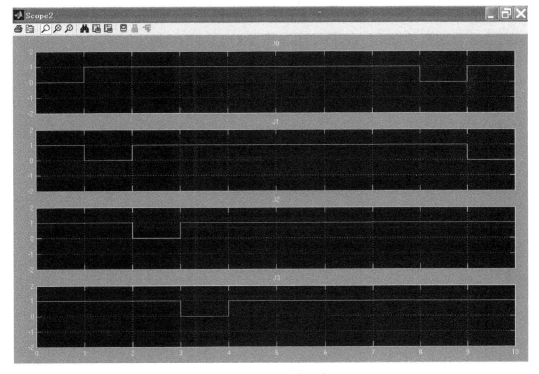

图 8-51　J0～J3 输入波形

Scope3 显示 J4～J7 的输入波形，如图 8-52 所示。

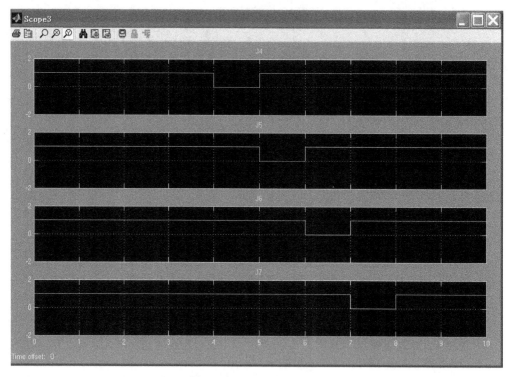

图 8-52　J4～J7 输入波形

从图 8-51 与图 8-52 中可以看到，J0～J7 以 8 为周期，依次出现 0 电平。

参 考 文 献

常巍, 谢光军, 黄朝峰, 2007. MATLAB R2007 基础与提高. 北京: 电子工业出版社.

飞思科技产品研发中心, 2005. MATLAB 7 基础与提高. 北京: 电子工业出版社.

刘国良, 杨成慧, 2010. MTALAB 程序设计基础教程. 西安: 西安电子科技大学出版社.

刘卫国, 2000. 科学计算与 MATLAB 语言. 北京: 中国铁道出版社.

刘卫国, 2002. MATLAB 程序设计与应用. 北京: 高等教育出版社.

帕尔门, 2007. MATLAB 7 基础教程: 面向工程应用. 黄开枝, 译. 北京: 清华大学出版社.

彭珍瑞, 董海棠, 2008. 控制工程基础. 北京: 高等教育出版社.

秦襄培, 2009. MATLAB 图像处理与界面编程宝典. 北京: 电子工业出版社.

苏金明, 王永利, 2004. MATLAB 7.0 使用指南(上册). 北京: 电子工业出版社.

王家文, 王皓, 刘海, 2005. MATLAB 7.0 编程基础. 北京: 机械工业出版社.

杨成慧, 2014. MATLAB 基础及实践教程. 北京: 北京大学出版社.

杨成慧, 2017a. 一种动态索道控制网络系统: ZL201620673088.8.

杨成慧, 2017b. 一种动态铁路信号控制网络系统: ZL201620673339.2.

杨成慧, 2017c. 一种基于超声波的汽车防撞系统: ZL201621235772.4.

杨成慧, 2017d. 一种基于单片机的温室大棚自动通风窗口控制系统: ZL201720262861.6.

杨成慧, 2017e. 一种基于单片机的遥控跟随小车: ZL201621236204.6.

杨成慧, 2017f. 一种无线 WIFI 遥控智能探测车: ZL201720266362.4.

姚俊, 马松辉, 2002. Simulink 建模与仿真. 西安: 西安电子科技大学出版社.

姚俊, 马松辉, 2004. MATLAB 基础与编程入门. 西安: 西安电子科技大学出版社.

张威, 2004. MATLAB 基础与编程入门. 西安: 西安电子科技大学出版社.

张智星, 2002. MATLAB 程序设计及其应用. 北京: 清华大学出版社.

周开利, 邓春晖, 2006. MATLAB 基础及其应用教程. 北京: 北京大学出版社.

附录 1 部分习题答案

习 题 3

1.

```
A=input('输入四位整数 A')
b=fix(A/1000)
B=b+7
c=rem(fix(A/100),10)
C=c+7
d=rem(fix(A/10),10)
D=d+7
e=rem(A,10)
E=e+7
A=(B+C+D+E)/10
m=b,b=d,d=m
n=c,c=e,e=n
A=d*1000+e*100+b*10+c
A=input('输入四位整数 A');
```

运行结果:

输入四位整数 A 1234

```
A =1234
b =1
B =8
c =2
C =9
d =3
D =10
e =4
E =11
A =3.8000
m =1
b =3
d =1
n =2
c =4
e =2
A =1234
```

4.

循环结构:

```
s=0;
for i=0:63
```

```
    s=s+2^i;
    end
>> s
s =
   1.8447e+019
```

调用 sum 函数：

```
>> n=63;
i=0:n;
f=2.^i;
s=sum(f)
s =
   1.8447e+019
```

9.

(1)

```
s=108
```

(2)

当 N 的值取为 5 时，输出结果：

```
x=4  12  20
y=2   4  6
```

(3)命令文件 ex82.m:

```
global x
   x=1:2:5;y=2:2:6;
```

习　题　4

4.

```
clear all
 x=input('请输入员工号:');
 y=input('请输入工作时长:');
 if y>120
    a=84*120+(y-120)*84*0.15;
    disp(['您本月的工资是:',num2str(a)])
 elseif y<60
    b=84*y-700;
    disp(['您本月的工资是:',num2str(b)])
 else
    c=84*y;
    disp(['您本月的工资是:',num2str(c)])
 end

 >>请输入员工号:001
```

请输入工作时长:40
您本月的工资是:2660

>>请输入员工号:002
请输入工作时长:130
您本月的工资是:10206

>>请输入员工号:003
请输入工作时长:70
您本月的工资是:5880

附录 2 MATLAB 常用函数表

附表 2.1 三角函数和双曲函数

名称	含义	名称	含义	名称	含义
sin	正弦	csc	余割	atanh	反双曲正切
cos	余弦	asec	反正割	acoth	反双曲余切
tan	正切	acsc	反余割	sech	双曲正割
cot	余切	sinh	双曲正弦	csch	双曲余割
asin	反正弦	cosh	双曲余弦	asech	反双曲正割
acos	反余弦	tanh	双曲正切	acsch	反双曲余割
atan	反正切	coth	双曲余切	atan2	四象限反正切
acot	反余切	asinh	反双曲正弦		
sec	正割	acosh	反双曲余弦		

附表 2.2 指数函数

名称	含义	名称	含义	名称	含义
exp	e 为底的指数	log10	10 为底的对数	pow2	2 的幂
log	自然对数	log2	2 为底的对数	sqrt	平方根

附表 2.3 复数函数

名称	含义	名称	含义	名称	含义
abs	绝对值	conj	复数共轭	real	复数实部
angle	相角	imag	复数虚部		

附表 2.4 圆整函数和求余函数

名称	含义	名称	含义
ceil	向+∞圆整	rem	求余数
fix	向 0 圆整	round	向靠近整数圆整
floor	向−∞圆整	sign	符号函数
mod	模除求余		

附表 2.5 矩阵变换函数

名称	含义	名称	含义
fiplr	矩阵左右翻转	diag	产生或提取对角阵
fipud	矩阵上下翻转	tril	产生下三角
fipdim	矩阵特定维翻转	triu	产生上三角
Rot90	矩阵逆时针 90°翻转		

附表 2.6　其他函数

名称	含义	名称	含义
min	最小值	max	最大值
mean	平均值	median	中位数
std	标准差	diff	相邻元素的差
sort	排序	length	个数
norm	欧氏长度	sum	总和
prod	总乘积	dot	内积
cumsum	累计元素总和	cumprod	累计元素总乘积
cross	外积		